U0136667

豪宅學

Tips on Designing LUXURY HOUSE

V.2 材質細節學

Materials & Details

張清平
CP CHANG

結合西方深厚的空間素養及中國文化底蘊的古典元素形成東方當代設計，以追求極致質感與細節的設計手法，及以人為本的核心價值，創造獨特的心奢華—Montage（蒙太奇）美學風格，忠實反應空間與使用者的內涵，將人與空間的價值形於外，賦予不一樣的體驗與感動，為華人豪宅設計開創新（心）視野。

不只為台灣首次榮獲德國紅點設計大獎，最高獎項「紅點金獎（best of the best）榮耀的設計師，也是台灣唯一連續 11 次入選為「英國，安德馬丁室內設計年度大獎」華人 50 強、全球 100 大頂尖設計師。身為華人設計工作者，不遺餘力地向世界講述著東方的故事，並堅持將本土化特色融入設計中，實現古代智能現代化，西方設計中國化，達到中西合璧國際化的目標。

經歷　天坊室內計劃創始人＆總設計師
　　　　台灣室內設計專技協會 第九任理事長
　　　　中國陳設藝術專業委員會（中國陳設委）副主任委員
　　　　台灣逢甲大學建築學院 副教授
　　　　中國美術學院藝術設計研究院 客座教授
　　　　深圳市創想公益基金會 理事
　　　　樂樂書屋創辦人

著作　奢華 Luxury
　　　　龍的 DNA　The Dragon's DNA
　　　　清平調 C.P. Style

得獎　英國安德馬丁國際室內設計大獎
　　　　英國 SBID 國際設計大獎
　　　　德國紅點設計大獎 Best of the Best
　　　　德國 iF 設計大獎
　　　　美國 IDEA 工業設計大獎
　　　　美國 Interior Design " Hall of Fame" 名人堂
　　　　美國 IDA 國際設計大獎
　　　　法國雙面神國際設計大獎
　　　　義大利 A'Design Award Competition
　　　　亞太設計雙年大獎
　　　　日本 JCD 商空大賞 BEST100
　　　　韓國 K-Design Award & Prize 金獎
　　　　香港 Perspective 透視大獎

Contents

自序
———
奢華細節貴在用心

過往我曾闡述的「心奢華」當中曾提到「不達極致不稱奢華」，設計魔鬼永遠藏在細節裡，我覺得細節是所有室內設計師必須達到的基礎條件。設計師和一般人不同的地方是，設計師懂得什麼叫細節，一個空間如果能將細節處理的很完善自然可以感動人心，而豪宅屋主也有足夠的歷練去感受你給他的細節。但有很多設計師太過於想要表現，刻意在空間鋪陳很多裝飾細節，那，這麼多細節到底是好？還是不好？我認為，一定要適度。

設計師千萬不要因設計而設計，為了表現而表現，為了突顯自己的設計，拚命在空間裡堆疊無謂的細節，為了表現奢華而選用珍稀昂貴的材質，這樣的表現不能稱為奢華。生活的質感是

在細微的體驗，並非外在表現的形式，即使是最基礎的材質，透過設計手法和工法的用心琢磨也能有非凡的呈現效果。設計師和使用者都要自我成長，所創造出來的生活才會有變化，不管如何，設計仍要回歸初心，以簡單俐落、方便使用為基礎。我常說，沒有設計的設計就是好設計，若是一個用心的設計卻給人沒有設計的感覺，那就是好設計；無為設計，少即是多，都是設計師應該要去追尋的方向。

這裡「心豪宅」指的心是「用心」，設計師用心，使用者用心；設計師用心做設計案，使用者接收空間後也用心經營，享受設計師透過細節的堅持所帶來的空間價值，這價值指的不是金錢，而是設計過程中所賦予的內在精神，如何透過好的設計擁有好的生活，必須是雙方同時用心去思考，這才叫能稱為「心奢華」。「心」也如同《華嚴經》所說的「唯心所現，唯識所變」的道理，不管住的是豪宅還是一般房子，我認為最終還是回歸到自己，只要有心，只要轉念，用正向的方式去看待，絕對比別人生活得還愉快。

感質合一的好宅設計

◆

何謂感質合一
的設計

室內設計做到最高境界講得是一種感覺,而身處在金字塔頂端的高端族群,不但生活閱歷豐富,眼界開闊,對於「質」的感受特別的敏銳且追求極致。如何讓他們對居住空間有「感」,身為一個豪宅設計師除了讓動線流暢,使用功能符合需求外,更重要的是要創造出超越他們能力所想像的功能,或者有別以往經歷過的空間,這就是所謂豪宅的「感」。

豪宅雖然是個性化名詞,但也有其基本構成的條件,這個條件從一個人的五感 ─ 嗅覺、視覺、聽覺、觸覺、味覺來看,必須在豪宅的空間裡完全體現。感質＝感覺＋品質,而「質」正是要讓豪宅屋主所及空間一切絕對滿足五感體驗。接下來就根據五感來談談兼顧品質、氛圍及風格營造的感質豪宅。

「嗅覺」量身訂製嗅覺氛圍

空間氛圍是居家空間裡無法用尺度去衡量的一種感覺，要如何讓空氣裡帶著乾淨清新的氣息，最基本的是要創造不帶有甲醛或者其他異味的健康空間，同時要為豪宅屋主創造屬於自己的味道，也就是空間的香氛管理。空間的味道取決於屋主獨一無二的個性，透過量身訂製的香氛設計，賦予空間一種具有個人風格的氣息，打造出能傳遞屋主性格的嗅覺記憶。

「視覺」盡展豐富空間表情

視覺就是讓空間表情做到位，滿足所看到空間尺度裡材質顏色的搭配，明暗層次的配比；要展現豪宅空間視覺，務必要讓空間比例和氛圍達到最好的效果，而不是把空間用無謂的設計填滿，在豪宅裡一定要多一點讓視覺休息的慢空間。

「聽覺」鳥語花香不絕於耳

在設計豪宅時不妨詢問屋主喜歡什麼樣的音樂，或許他們沒有特別的偏好，那就要根據他們的個性發掘出

適合他們的樂曲，或者為空間注入大自然的聲音。為空間創造聽覺的記憶，能為豪宅增添無形的質感，不只能夠符合他們預期，甚至超越他們想像。同時，思考空間聽覺時，要先阻絕不必要的吵雜聲音，將悠然氣氛和音律留在空間裡，讓人安然在空間裡不受外界干擾。

「觸覺」精緻膚觸感動於心

觸覺就是我們雙手或身體所能觸及的任何物件，像是表材、傢具、收邊等質感方面的表達呈現，要讓身體或者是手觸摸到物件時有超越言語，感動人心的細膩感受。在製作處理物件的過程中，細節表現相當重要，在創意的手法背後，仍要能夠流露設計師細緻、敏銳的觀察，這是設計師在設計豪宅時必需要做到的。

「味覺 」愉悅感官提點味蕾

味覺大多數是在談餐廳和廚房的規劃設計，無論對內對外，餐廚房是居家裡非常重要的交流空間，餐廚房的設計規劃決定了用餐的氛圍，可想而知，在結合多種感官愉悅的環境用餐，能從食物中獲得更美好的味覺感受。還有衛生間的位置也要詳加思考，才不會影響到用餐的氣氛。

感質合一設計
之必須

空間氛圍的營造是呈現豪宅質感的重要關鍵之一，每個人的喜好不同，有人喜歡大自然，希望在空間多一點綠意，有人喜歡藝術，期待空間充滿藝文氣息，如果設計師懂得將植物或者藝術運用在空間裡，把符合期待的氛圍做出來，這就是最好的豪宅表現。

現代豪宅的感質定義，就是化繁為簡考究細節，但簡約不是捨棄物質，而是以更輕鬆、更舒適、更有深度的方式生活；豪宅從過往追求繁文縟節和華麗裝飾褪去後，留下的空白，是從心靈層次出發，回歸居住本質的純粹。

在這樣的概念之下，現代豪宅更講究材質處理手法及比例掌握，以及廚衛、電器等設備的舒心配置，五金收邊的細膩琢磨。在為高端豪宅打造任何一個物件，完成後都要細心測試，因為豪宅屋主是相當在乎細節的真正使用者，唯有親自使用之後才知道當中入微細節的表現，盡可能設計出貼合豪宅屋主的物件，是豪宅設計師必須要去把關的。

雕琢工法、善用材質體現價值

石材在豪宅裡被廣泛運用，它獨特天然紋理，常來展現豪宅的質感氣勢。由於豪宅更在乎材質的稀有性，因此許多設計師會找尋一些寶石類的稀有石材運用在空間中，但這些材質如果運用不當反而更顯俗氣。

但豪宅一定要用石材嗎？其實很多國際頂級酒店裡，完全沒有使用任何大理石，反而是透過粗糙的木頭、鐵件，呈現出日本侘寂不完美的脫俗美感。所以說豪宅的感質是什麼？我們不應該太著重豪宅該用什麼具體材質，而是深入了解該去怎麼運用，用什麼工法、手法呈現，把材質的優勢完全體現，用的淋漓盡致，這就是豪宅感質的表現。

講究設備、細心配置極致感質

裝修風格反應了一個國家社會的經濟脈絡，早期大部分事業有成的人想要藉由奢華的裝潢炫耀成就，但隨著經濟條件的不斷提升，更走向反樸之路，對待空間能以更輕鬆的心境融入大自然的元素，然而注重自然不代表便宜，反而更著重設備的功能和細節的表現。

現代感質豪宅特別注重傢具、織品以及廚具和衛浴等設備的質感，豪宅屋主更願意選擇具有品牌、高質感的傢具設備，價格的背後是享受品牌價值帶來的品質保障及尊榮服務。另外，地板的地暖也是營造空間極

致舒適感覺的設備，微暖的熱氣由腳底往上慢慢溫至膝蓋，使人行走在家裡能保持下肢溫暖，頭腦清晰冷靜，打造中醫所談「上涼、下暖、溫中」養生之道的居住空間，適當的配置設備才能營造無比舒適的居家。

細節整合、堆砌雋永打造非凡

質一就是細節，感一是最終感受，很多細節整合起來就能成就不凡，就算外行人身處在細節堆疊的空間裡也能感覺與眾不同的魅力。細節收邊就像精品手錶裡的精密零件，相互輔佐，環環相扣。細節之於空間，大至傢具、櫃體收邊，小至廚衛門板及抽屜門扇等五金的滑順度等，都必須非常注重，甚至開關插座材質顏色要搭配整體裝修需求，功能也多所講究，因為現在電子產品種類繁多，要使人操作使用上要更具直覺，這些都是豪宅的基本配備。

材質配置、拿捏比例一展大器

材質在空間運用的比例是表現感質很重要的關鍵。如果整個空間完全使用同一種材質，顯得氛圍過於呆板空洞，如果過多材質混合搭配，視覺容易感覺雜亂沒有質感。在同一個空間裡，佔比較大的主要材質不能超過 3 種，若要搭配超過 3 種以上的材質，不要大面積使用，採用襯托的方式運用在收邊或者局部特殊處理，這種點綴或收尾的做法能有畫龍點睛的效果。

CHAPTER

2

感知舒心機能學

舒心生活的
關鍵機能

正如先前所提到，當今高端豪宅的屋主，追求的是更輕鬆、更舒適、更有深度的簡約生活，當豪宅屋主期待回歸居住本質，同時要符合當代生活的節奏時，那就要以更講究的空間機能設備來對應。對豪宅屋主而言，預算並非打造新居首要考量的因素，設計師理當要為豪宅屋主配置最先進的設備，這些設備都是結合科技智能的東西，不外乎就是希望帶來更便利的生活。

舉例來說，智能居家設備能透過燈光設定營造回家的溫馨感，又或根據使用空間情境營造閱讀、用餐、睡眠氛圍等等。這裡要留意，並非所有豪宅都適合智能設備，很多豪宅屋主一開始抱持新奇的心態嘗試，但因為對科技不熟悉，使用到最後反而感到非常困惑，甚至覺得困擾，這時回到傳統的開關設計，對他們來說反而更直覺便利。智能居家雖然已經行之有年，到目

前仍是很新的東西，不可否認，這是未來新人類生活必然的居家趨勢，如果懂得去操作它，對於提升生活的便利性有相當大的幫助。

除了智能設備之外，其他像是廚房、衛浴、空調、影音、酒窖等，都是相當精密的設備，在這個部分設計師要扮演整合的角色，通盤了解機能需求後作整體的配置，再交由各項專業人員規劃細節，這樣才能達到最佳的使用效果。在幫豪宅配置專業設備時，同時要為屋主思考到後續維護問題，因此現今很多豪宅大樓將影音、酒窖甚至餐廳空間公共設施化，居住的空間可以把這些空間省下來，重新深思考居住本質，讓廚房變大，讓房間變大，或規劃其他真正需要的機能的空間。

一個好的豪宅設計師，要思考如何才能利用智能設備讓他們住得更舒適、更舒心？那就是要對使用者非常的瞭解，通過非常好的溝通，去挖掘他們內心對生活真正的期待，設計師站在使用者的立場和心態設計，再從累積的經驗去引導他們進入新的環境，讓他們知道提升設備後的舒適性，得以享受科技帶來更美好的生活方式。

智能科技
便利與高端生活

身處在創新時代，生活當中的食、衣、住、行都能感受到科技帶來的便利，但無論技術再先進科技再進步，智能居家系統設計仍要回到一再談論到的居住核心理念——以人為本，居有所值，心豪宅必須從高端使用者的角度去看待，切合他們獨特的需求，才能創造有價值的生活。

很多設計師容易陷入科技的迷思，認為利用科技能便能掌控一切生活，一股腦的幫豪宅屋主配置智能系統，卻沒思考到使用者的適應性，反而造成極大的不便，要明白，智能居家是人去操控系統，而不是系統控制生活，這樣才不會淪為科技的奴隸。

在選擇智能居家系統時，設計師應與供應商和高端使用者作充份溝通，依照需求客製功能細項，以便捷實用作為配置的衡量標準，將智能居家技術適度的應用在豪宅居家中，設計出真正貼近人心的智能居家配置方案。

著重人性 便捷實用

智能居家系統幾乎可以應用在家中的每一個空間，目的是為了提供更舒適、安全、有效率的生活模式，智能系統對應豪宅，功能更要從高端使用者的生活型態、生活習慣來思考，以實用性、便利性和人性化作為核心設計來規劃，過分炫技的功能有時只會徒增使用上的困擾，造成用戶排斥心理。進行規劃時設計師要充分發揮洞察力，觀察高端族群的特質、行為模式，並以其為中心做全盤的整合規劃，才有機會創造出切合需求的使用體驗，比如像是視覺設計部分，圖像化的控制介面設計，能跨越年齡層讓所有居住者以直覺操作，使系統更能融入生活。

穩定系統 確保效能

想要享受便捷有效的智能居家，最重要的基礎就是落實控制系統的穩定性，同時確保整體系統所有相關連結能流暢運作，否則就算有再先進的設備也枉然。在前期進行系統工程時，應考慮安裝與維護的方便性，系統的前端設備應依規定採用標準化接口設計，確保設備功能可以隨著未來趨勢發展及家庭成員需求調整升級，當需要擴增功能時也能有效率的銜接安裝，不必再開挖管線或另外裝配。智能化系統除了前期的設計規劃、佈線安裝、調整測試之外，軟體系統和硬體設備的後續維護工作也是維持良好功能的重點，因此要尋找經驗充足、專業可靠的廠商配合，才能使系統長期維持最佳效能。

統整設備建立便捷生活／智能居家控制系統

智能居家發展至今，在功能操控上已經有大幅進步，智能控制系統整合了家居所有的環境設備功能，包括照明、安全防監控、影音、空調及家電等系統，透過物聯網讓所有數據資料經由網路上傳雲端，建立萬物皆可相聯的網絡系統，並且同步溫度、氣象等網路數據資訊調整系統設定，而智能居家控制系統的核心是，要能將所有繁雜設備系統做介接與整合，並且透過智慧行動裝置輕鬆操控。

服務概念 舒心生活

智能居家控制系統除了能隨心自行控制設備之外，更要讓系統以「智能管家」的服務概念存在在居家之中，給豪宅屋主尊寵的居家照應。也就是說發揮自動感應偵測、雙向資訊連結的功能，在屋主未察覺的情況下提前一步給予生活上的貼心照應，比如依照活動環境的人數調整空氣品質，以及根據室外溫度控制溫濕度等數值，以維持最舒適的居住感受。

遠端操控 提升隱私

智能居家控制系統存在的目的在於讓所有設備發揮最大效能，並且藉以提升居住品質，現代豪宅屋主在世界遊走，相當著重居家隱私，而智能居家控制系統最大優勢就是能發揮遠端搖控、監視的特質，讓豪宅屋主可以超越時間和地點限制，在工作或者出門遠行時，完全不假他人之手輕鬆遠端遙控家居設備、掌握狀態，避免豪宅曝露在人員進出居家之中可能產生的風險。

安心居住全方位防災／智能安全防護設備

即使豪宅大樓保全已經相當嚴謹，但對高端族群來說，居家隱私和安全是不容一絲疏漏，在為豪宅規劃智能安全防護系統時，要對位思考生活可能發生的各種意外狀況，最基本的防盜設備搭配監控攝影機維護進出門戶安全，同時掌握家人居家活動狀態。災害安全部分包括自動截斷瓦斯，火災意外時疏散警報提醒，即時自動切斷高耗電危險電器，水位偵測及警報等，結合各種感應器、偵測器及遠端控制，從整體居家考量打造全方位的安全防護網絡。

防盜監控　效能管理

防盜在豪宅安全上相當重要，智能安全防護系統與管制中心連結，有任何狀況能即時協助處理，並且整合居家所有的防盜設備做更全面的防護，包括電子門鎖、監視器，同時還能串連智慧居家系統，在解除保全時連動開啟空調、音樂等各種家電，自由設定燈光開啟時間，形成有人在家的氛圍，另外配合監控攝影機讓屋主隨時察看家中門戶情況，同時掌握長輩及小孩居家安全。

安全防災　居住安心

災害警報系統也是確保居住安全重要的一環，家庭設備要能連動做緊急應變，比如廚房是家中最容易發生災害的地方，煙霧感應器設備偵測到異常煙霧及瓦斯，系統將自動遮斷家中瓦斯總閥，並以通訊軟體即時通知管制中心及屋主，其他像是自動斷電避免走火、關閉水閥避免地下室、洗衣間或陽台淹水等設備，都能在突如其來的意外狀況發生時發揮作用，避免意外災害擴大。

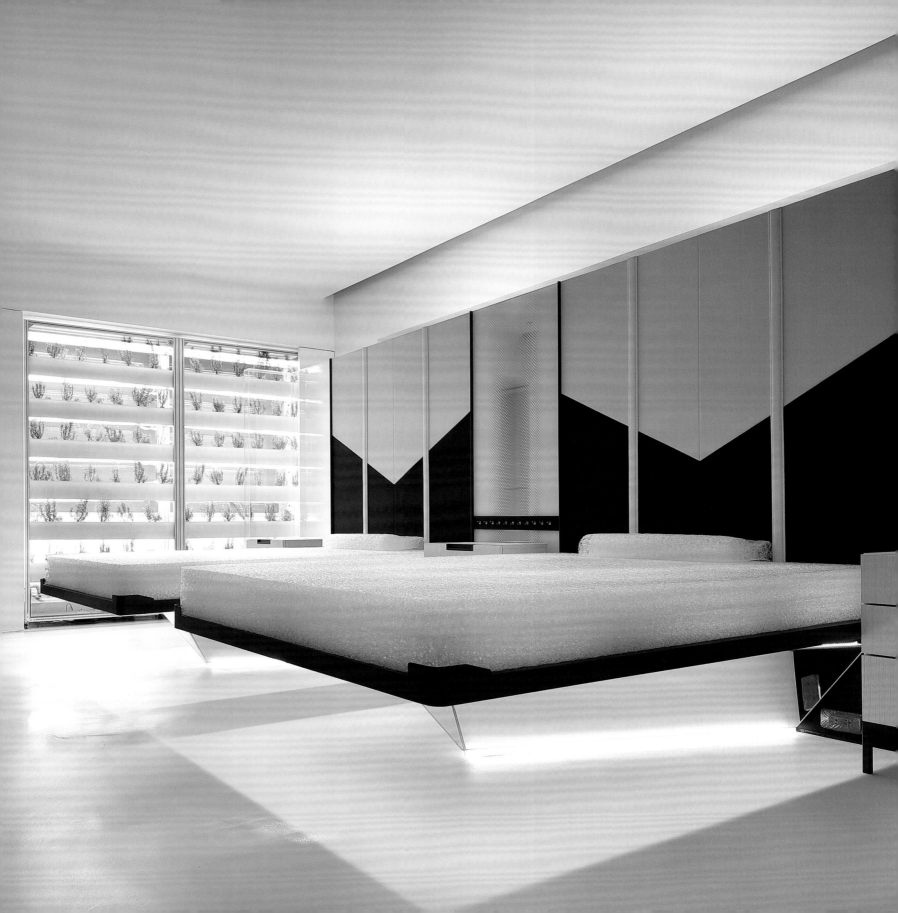

人工智慧營造舒適氛圍／智能照明控制系統

智能照明至今已經是最成熟的一個項目，無論是控光功能、造型裝飾性還是省電節能的層面來說，都在不斷的創新發展，滿足現代人在照明上的各種需求。目前智能照明系統，不僅能用手機控制燈泡開關、變換多種顏色或者遠端控制。未來更要從使用者的角度思考朝向符合人性化需求、細微調控更舒適光線，並結合人工智慧自動化學習提前預判使用習慣，讓居住者能沐浴在舒適自然的光線之中。

善用智能　營造情境

在以人為本的理念下，智慧照明系統依據人類的心理、生理需求，或者藉由感測器提供資訊，自動調整出最舒適的色溫及亮度。因此設計師要善用智能照明系統特質營造的居家氣氛，最基本的是根據用戶的日常習慣、時間、區域場景控制滿足各種居家生活情境需求，比如玄關迎賓照明模式、閱讀模式、臥房睡眠模式等等，或者根據光照時間、季節變換色溫，不但為整體氛圍增溫，也能觸動當下的感官情緒。

延展功能　照應安全

燈光也可以依照其特質延伸應用功能，特別家中有長輩小孩可結合動靜感應器來整合燈光開關，作為居家安全或者警示防護，比如夜間老人或小孩起床時，自動觸發在床邊感應裝置，連動夜間指引照明，或者透過定時設定，出遠門時能自動開關光源；當通往位在地下室酒窖、視聽室時，門旁連動感應器將樓梯燈打開省去尋找開關的麻煩，如果更講究光線的話，可以再細緻深入設定燈光照明長度，色溫亮度控制，達到隨伺在側的燈光照顧。

◆ ◆
紓壓觀息
打造輕鬆生活

對高端居住者而言，家就是最好的紓壓空間，而在居家中最具紓壓功能的，莫過於浴室了。所以在豪宅的衛浴空間已經不再滿足於基本功能性的用途，而是必須以身心健康為導向來整體規劃，因此一應具全的 SPA 設備已成為頂級私人衛浴空間的必備設備。設計師在規劃時，不能一味地只追求豪華的設備，而忽略後續保養維修的繁瑣，造成業主的困擾。現今豪宅衛浴將生活化的概念置入，浴室也成為臥室的一部分，在屋主沐浴結束後給予一些空間和時間，讓他們能夠坐下來好好梳理休息，或者跳脫制式衛浴的規範，創造一個結合複合功能的空間，置入健身房或者與書房、溫室結合，藉由情境氛圍的轉換，達到紓壓放鬆的身心體驗。

極致奢寵　表徵個性

生活餘裕的高端族群特別著重身心健康，衛浴成為現代豪宅屋主紓心養身的重要空間，衛浴設備應具備高度人性化，極度奢寵感官的使用體驗，同時更要展現精密工業的美學工藝。豪宅衛浴設備講求個人化，要以個人需求主導的設計思維展現高度創意搭配，打造具有自我主張的個人化衛浴。

功能獨立　便捷舒適

豪宅衛浴的在整體空間的佔比日益擴增，可以顯見透過沐浴紓解壓力對高端族群的重要性，衛浴設備要依照生活使用習慣來做適當的配置。豪宅衛浴尺度較大，在開放空間裏面務必要依照盥洗沐浴的使用流程來安排好區域，同時在安全、衛生的考量下做到所謂的獨立性，讓盥洗檯面、淋浴、泡澡、衛生間各自獨立，達到乾濕分離的狀態，要有如五星級飯店的衛浴配置，讓家人可以在互不干擾的情況下共享空間， 設備也能發揮最佳的功能。

衛浴門面展現美感／盥洗檯面設備

盥洗檯面有如衛浴空間的門面，鏡面、面盆及檯面的各種設計組合及質感美感上的表現，展現屋主隱而不顯的私人品味，同時與其他衛浴設備共同營造整體空間特色，是衛浴設備中最能變化出創意形式的區域。其中面盆精品化與科技化的趨勢在豪宅衛浴完全體現，兼具實用與裝飾性，與面盆密不可分的檯面關係著使用時的方便性與流暢度，特別要留意盥洗用品的收納規劃，使檯面保持有條不紊的狀態，講究細節處精緻表現，才能展現出豪宅的生活態度。

順應習慣 從容使用

盥洗檯面要因應不同區域作配置規劃，由於豪宅衛浴不受限於空間尺度，主臥衛浴能以男女主人各自的盥洗習慣及喜好強化個人化的設計，現今主臥衛浴大多採雙面盆雙鏡的配置，這不只為了營造空間造型美感，從設計概念上來說更是將功能對應個人化使用需求，夫妻彼此不必互相遷就生活習慣，可以各自優雅從容的盥洗整裝。小孩房與長輩房的盥洗檯面則要留意高度，使用的方便度和安全性是主要考量。

管理細節 成就質感

衛浴盥洗檯面是擺放個人瓶瓶罐罐最多的地方，要作好適當的規範管理，妥善規劃收納櫃，讓每個物件都有條不紊，才能稱得上是豪宅的配置，比如，使用過和未使用的毛巾如何收放，日常使用的吹風機、體重機，如何放置在最適切的位置讓它使用方便，這些看似不起眼的細節，都是豪宅設計師必須考量的。

紓壓療癒放鬆享受／浴缸泡澡設備

浴缸是衛浴中最能帶來紓壓效果的設備，可以讓高端族群在忙碌與緊張的工作後，透過頂級浴缸的療癒效果，在私人空間中獲得充分休息。浴缸的尺寸、深度及造型都會關係到泡澡的姿勢進而影響舒適度，由於高端族群追求非凡的沐浴享受，因此從大尺寸浴缸到具有各種功能的按摩浴缸皆能帶來不同體驗，所有的設計均指向一個最終目標，即是讓豪宅屋主在家也能擁有專業SPA般的高級享受。依豪宅屋主的使用習慣選擇一個合適的浴缸，成為衛浴空間舒適與否的先決條件。

先進科技 極致體驗

浴缸的實用功能已經無法滿足高端族群的想望，因此浴缸除了眾所皆知的按摩功能外，現在更朝向電子化、多功能的趨勢前進，包含綿密氣泡、震動聲波、自選音樂甚至是光療效果，選擇上都要思考設備功能帶來的感官體驗，是否能滿足高端族群獨特需求。由於按摩浴缸的管線分佈於底部，配置的位置可以更隨心所欲，搭配放置在採光與景觀絕佳的區塊，伴隨風景創造極致奢華的泡澡體驗。

質量兼備 提升感受

為豪宅配置浴缸絕對不能忽視美感，傢具化的設計形式能成為衛浴空間中的焦點主角。獨立的單體浴缸及嵌入式的按摩浴缸，是許多豪宅配置浴缸的選擇。獨立浴缸材質多變、造型獨特，可以打造與眾不同的個性化風格；嵌入式按摩浴缸功能多元，安裝時泥作工程可以設計泡澡平台，安排蠟燭、香氛或是裝置藝術品，營造紓壓的泡澡氛圍，不同形式及造型的浴缸，不但能在外觀上帶來全新的感受，另外也包含人體工學、空間造景的意義，更提升了整體空間的藝術價值。

撫慰身心舒暢生活／淋浴花灑設備

有別於浴缸泡澡時被水包覆時撫慰身心的溫暖，淋浴花灑則透過水流與肌膚接觸的衝擊褪去身體的疲憊，加上受到西方生活文化的影響，淋浴花灑對於晨起有沐浴習慣的屋主來說，提供便捷舒暢的沐浴時光，使得淋浴間成為豪宅衛浴不容忽視的重要角色。

數位功能　維控溫度

從功能上來看，為了給予高端族群奢華的淋浴體驗，出水方式是淋浴花灑的選擇重點，隨著數位化的技術革新，淋浴系統基本要達到水溫記憶、按摩噴頭、自動控溫等，花灑則要按照使用需求細微的調節水流和控制水量，現今技術則將自然界水流的頂奢感受帶入，同時結合情境調節技術，融入燈光與香氛，一次滿足視覺、嗅覺與觸覺多重感官享受，這些體驗皆要能通過直覺性的操作達成，否則就失去讓衛浴生活創造舒適體驗的意義。

排水設計　維持乾爽

衛浴濕度高，獨立的淋浴間可以使衛浴保持清爽，位置規劃上依照按照盥洗、淋浴、泡澡的動線流程配置，位置與浴缸距離要適當，讓轉換過程更為順暢。無門檻的淋浴間設計不只能呈現視覺上的簡潔質感，更是從使用者角度思考的通用設計，同時提高進出淋浴間的安全性和方便性，無門檻淋浴間設計除了排水孔的位置和洩水坡角度，最重要是截水槽的設計，其截水深度及覆槽蓋材質都必須要注意，讓水流不要溢入室內，同時也要兼顧空間風格及質感。而排水孔的設計也是不可忽略的細節，一般都要再加上覆孔蓋，其材質多為不銹鋼或與地磚同色，維持舒適乾燥可是衛浴空間的最高原則。

探究舒適機能關鍵／馬桶設備

若要深入探究舒適衛浴的關鍵，馬桶絕對是最私密，最個人的設備，無論身分再位高權重，每個人每天生活中都要與馬桶親密接觸，甚至是許多高端族群最在意的衛浴設備。藉由科技技術的發展以及工業設計的前瞻思維，馬桶的功能與外型都朝向超越想像的設計趨勢，有如精品的精緻質感能與各種高端豪宅風格相互匹配，展現出令人賞心悅目的衛浴美學。

分齡選配 舒適優先

馬桶選擇首重機能，搭載現今尖端科技的功能選擇性多元，為豪端族群選配時要注意觀察是否貼近不同年齡層的使用喜好，年紀稍長的人們注重清潔力與如廁舒適度，像是溫水洗淨功能並有調節溫度的溫熱便座及暖風烘乾功能，讓長輩有溫暖的體貼感受；青年族群較重視外型與智能科技，現代感的簡約線條和搭配燈光音樂、自動感應功能等設計，符合現代青年族群的生活習慣。要提醒的是馬桶關係到日常的身體舒適，選擇上時仍要回歸使用者，著重在實用、促進如廁舒適度為首要。

位置高度 人因功學

現今豪宅馬桶形式常見單體及壁掛 2 種形式，單體式特點為靜音且沖水力強，壁掛式不與地面接觸清潔維護更為方便，衛浴較能維持乾淨美觀，各有優點。安裝馬桶設備要注意是否符合屋主的體型條件，其中壁掛式馬桶的安裝高度決定了使用的舒適程度，除了一般認知的舒適高度之外，更要因人而異來調整高低。馬桶位置要依實際坪數做動線配置，離洗手台不宜太遠，盡量規劃在貼壁角落，保持使用時的安全感和隱密性。有些人習慣如廁時看書、滑手機，因此要留意光源的位置要落在馬桶前方，使用時才不會擋住光線。

◆ ◆ ◆

舒活設備
建立健康生活

在為高端業主打造居家空間的時候，雖然要盡可能貼近需求，但也不能完全依照他們的想法來規劃，身為豪宅設計師要用設計思維引導他們想像空間，創造前所未有的奢華生活環境；這裡所謂奢華並非華美炫目的裝潢，而是能全然釋放身心壓力的空間感受，這必須緊扣每個設計環節才能達成，而配置合宜的居家設備正是提升生活質感重要的一環。除了設備帶來的生活便捷，高端族群更在意金錢買不到的健康，如何利用設備打造舒適健康的生活環境，就要從重視感官知覺開始。

健康飲食　貴在安心

身處於高水平生活的豪宅屋主，對飲食健康相當關注，食材和飲用水的新鮮品質，有超乎常人的嚴格標準，因此對廚房和淨

水設備的要求相當重視，包括食物的分類保鮮，爐火的安全，油煙的排除及濾水功能等都不容忽視。而下廚也是許多高端族群的嗜好之一，因此廚房逐漸取代客廳成為交誼場域，動輒千萬廚具設備講究的不只是實用功能，材質配備和造型美感都要能彰顯身分品味。飲用水對豪宅屋主而言更是至關重要，全屋淨水系統已成為標準配備，以求口感更好、更安心的飲用水質。

適切溫度 怡然生活

面對外在不穩定的環境溫度，高端族群更想要自己掌握居家空氣品質及溫度，空調設備雖然能調節溫度但只能進行室內循環，並無法真正讓空氣流通，在為豪宅配置中央空調時，也要進一步設想到空氣品質的維持，萬一家人生病時，空氣換氣處理設備若能搭配室內空調系統運作，可以將空調的功能效益發揮到最大。而空間溫度決定居家的舒適度，地暖幾乎是現今豪宅的基本設備，尤其對於家中有長輩和小孩的家庭來說，寒冷冬天可以避免巨大溫差造成身體的不適，並且維持良好的血液循環，給予健康舒適的好空間。

交誼與實用的和諧交融／廚房設備

現今許多豪宅廚房與生活空間的界線已漸漸模糊，廚房與客餐廳結合的新概念，為高端族群提供了嶄新的生活體驗。這類社交型廚房的廚具選配關係著空間品味和生活品質，巔覆過往廚房以烹飪為軸心的思維，融入社交、活絡家人情感的空間想法，將客廳材質導入廚具設備，使空間感受上更為溫暖而貼近生活；設備規劃上，則針對使用者做需求的調整，讓功能層面達到完善，使得客廳的交誼需求與廚房實用功能和諧交融。

人因功能 美感機能

搭配頂級建材和先進設備的精品廚具造價雖高昂，但仍需具備高度實用功能，設計必須以使用者角度思考，結合人體工學並從需求客製細節，例如量身打造的流理檯面高度，讓備菜、洗滌時不須彎腰，瓦斯爐檯面位置較低，烹飪時不用抬手輕鬆料理，這些都需經過縝密計算。另外，廚具必須承載許多電器設備，抽屜門板使用頻率較高，櫃體的承重耐受度、關闔的緩衝及順暢度，觸摸的手感、質地都要展現工藝水準般的精緻度，為豪宅屋主選配時務必和廚具廠商仔細溝通。

打破界線 情感交流

在為豪宅屋主配置廚具時，可以強化人與空間的相互關係，以增進交流、凝聚情感的概念來規劃，重新思考廚房與烹飪的定義。在維持廚房合理動線的原則下，打破廚房既有的制式規則，可用內（中）外（西）廚房設計規劃，滿足多元烹調需求，整體規劃配置可依需求和偏好變化設計，模式可以更靈活有彈性。其中外廚房西式吧台的中島可以滿足豪宅廚房的社交需求，檯面除了能當成備餐台使用，當主人下廚時也是聊天聚點，或是加裝爐台、水槽增加主客之間料理時的參與感。其他像是收納工具櫃採用展示型，能陳列豪宅屋主所蒐藏的廚房用具，而家電則採用隱藏式設計，使廚房融入整體空間，詮釋現代新豪宅生活的寫照與思維。

恆定淨化奠定舒適基石／空調設備

隨著生活品質提升，高端族群對室內空調設備的需求不只是溫度，而是來自於設備恆定性的要求，目的是使每個角落的舒適感受維持一致，這包括溫度、濕度的恆定和室內寧靜程度的保持。在多種的空調類型中，早期多用於大樓或商業空間的中央空調，因為先進的技術以及功能良好、配置靈活，近年也成為別墅型與大坪數豪宅的首選，家用型變頻空調除了有一般分離式冷氣的優點之外，現在加上中控面板管理，讓使用者操作起來更加便捷。

均勻恆溫　高度舒適

現今豪宅大多配置變頻式空調，一部室外機就能控制多台室內機，室外管道簡潔、室外機位置要求簡單，搭配吊隱式機體隱藏在天花板中，使整體空間風格更為簡約美觀，對於最重視建築景觀及空間質感的豪宅屋主而言，無疑是最佳選擇。家用型變頻式空調每台室內機分別有一至二個出風口與迴風口，使氣流循環能更合理的流動到每個角落，可以保持較好的恆溫狀態，因此室內溫度更加均勻。變頻式空調要與室內設計工程同步進行，並搭配專業管線設計與施工團隊來完成，設計師在設計初期就要嚴謹的規劃好出風口與迴風口，否則舒適度就會大打折扣。

換氣設備　淨化空氣

隨著健康和節能的觀念興起，也使豪宅屋主對居家環境空氣品質更重視，不但空間溫度要舒適宜人，空氣更要乾淨清爽。其實室內許多家庭用品、裝潢材料等，都可能釋放妨害健康的物質，室內空氣污染可能不比室外還要輕，配置空調設備之外搭配空氣換氣處理設備，可引進含氧量高的室外空氣，保持室內空氣含氧量。進行室內外空氣交換時就可同步過濾和調和溫度，減少空調系統運作的負擔，可以節省空調用電量進而達到節能的效果。

體感舒適實現高質生活／地暖設備

地暖已經是現今豪宅的標準設備，它的優勢在於當地板加溫與空氣進行熱對流時，仍能保有空氣中一定的乾濕度，讓人感覺不會過於乾燥悶熱，加上隱藏於地面的安裝方式不佔空間、安靜無聲，能形成一個高質感的舒適空間。嚴寒氣候或者劇烈溫差容易造成身體不適，地暖系統利用熱升冷降的原理，達到中醫說的養身觀念「溫足而涼頂」，特別是家中的老人、小孩對溫度的自我調節能力較弱，地暖從地面以熱輻射提供均勻的溫度，家中較不容易滋生細菌黴菌，對於容易過敏的小孩及患有風濕的老人，都能提供體感舒適的生活環境。

改善潮濕 乾燥舒適

地暖設備主要有電地暖以及水地暖，電地暖安裝和維護較為方便幾乎適用各種材質，無論是磁磚、大理石、木質或者磐多磨等，因此居家適用範圍較廣，包括家中最潮濕悶熱的衛浴空間，尤其是開放式主臥衛浴搭配地暖系統，在磁磚底下的發熱電線能快速蒸發多餘水分、減少衛浴溝縫發霉狀況，保持地板安全乾爽，不會讓悶熱濕氣影響到寢居空間的舒適度。像是靠近山區或者樓層較低的房子較容易受潮，安裝地暖系統能降低室內空氣中的濕氣，居住者有更乾爽舒適的生活質感。

導熱材質 各取所需

安裝地暖設備要留意不同材質地板的導熱性，磁磚、石材地板導熱性高，升溫速度較快相對溫度的流失也較快；木質地板導熱性低，保溫性比磁磚好。磁磚有很好的穩定性，遇高溫不易變形；實木地板在受熱之後如果溫度變化過大，較有可能導致變形，採用複合式實木地板相較之下穩定度較好，可以根據需求選擇地板材質。但要注意的是，實木地板較容易變形，但選擇複合式實木地板，一定要挑選優質的環保地板鋪設，注意甲醛釋放的狀況，最好在啟用地暖前對室內徹底進行甲醛檢測。

純淨無垢養護健康基礎／供水設備

水污染是全球環保問題，即使自來水廠已經將水中的有害物質作清除，輸送到居家水龍頭的過程中，老化的水管或者疏於清潔的水塔都會使水受到二次污染。高端族群對居家用水的要求不只飲用水要純淨，洗滌、沐浴、烹煮等日常用水也要乾淨無污染，要讓居家用水變得健康，有賴淨水設備規劃來維護居家用水品質。

量身客製 用水需求

坊間的淨水設備有各式各樣的濾水方法，原則上要能達到過濾污染物及微生物，重金屬、雜質以及消滅病毒細菌和去除異味，在為豪宅住戶規劃淨水系統務必先了解每一種淨水器的原理功能，再依不同地區水質狀況、家庭用水人口數及生活需求、使用習慣作最完備的選擇，再交由專業人員施工安裝，最重的是品牌一定要能提供完善的維修及售後服務，才能長久維持乾淨健康的水質。

生活用水 全面淨化

每人每天的生活用水量比喝入的多更多，因此設計師需將屋主過往只停留在淨化飲水的觀念提升，進一步配置全屋式淨水系統，將流進住戶的自來水經過淨水設備進行過濾淨化的步驟，在不同的用水點供給住戶安全潔淨的飲用水，盥洗沐浴用水及清洗用水等所有生活使用需求。一般來說全屋式淨水系統先經由前置雜質過濾器解決管道的二次污染，降低水中有害物質含量，再經過中央淨水機除去水中氯，然後經由軟水機除去石灰質提升用水的細膩質感，最後透過檯下型生飲淨水器加強飲用水的純淨度，利用客製系統化的淨水設備全面處理生活用水，讓用水健康滴水不漏。

◆ ◆ ◆ ◆

嚐趣設計
實現娛樂生活

為了紓解平日繁重的事業壓力，許多高端族群在工作之餘，培養休閒娛樂調劑身心，有些人喜歡靜態休閒，有些人則熱愛戶外活動，也越來越多懂得生活的高端族群開始注重家庭享樂空間，期盼在家中能有一隅天地，自在放鬆的與家人或者好友同好共享生活樂趣，形成一種私人聚會形式的社交及生活方式。金字塔頂層的嗜好所觸及的層面具有相當的深度和廣度，從藝術畫作、精品珠寶、名錶到美酒名車無奇不有，而且對於自己長久以來培養的嗜好興趣有一定的見解，因此為豪宅打造休閒嗜好空間時，更是需要依照個人偏好量身打造，當然，設計師無法完全觸及有所領域，在這部分要做的是，以自己空間設計的專業角度，與各項相關專業人員進行溝通協調，相互合作，讓空間美感和專業設備達到最理想的平衡。正如方才所提，高端族群的休閒嗜好層面相當廣泛，這裡以視聽娛樂室、私人酒窖及車庫來說明，打造突顯自我品味價值的專屬空間。

影音設備　整合專業

金字塔頂端的奢豪休閒娛樂中，視聽設備幾乎是豪宅裝修的需求之一，舉凡音樂鑑賞、影劇欣賞或是 KTV 等用途，都讓人在影音藝術之中徹底放鬆和愉悅身心。完美的影音視聽規劃，絕不是只將高規設備放進空間裡就算完成，其中空間和設備之間有著絕對必要關係，當中的規劃配置包含許多專業知識決定了影音最終呈現的效果，設計師除了配合影音空間規格之外，設計師要以一位整合者的角色統整整體風格，才能發揮設計師的價值所在。

有形空間　收納奢華

品嚐美酒是高端族群非常重視的交誼儀式，當品酒成為一個共同話題，就有促進各種商機或情誼的機會發生，近年來紅酒文化更在亞洲地區蔚為風尚，私人酒窖因此備受高端族群青睞，這不僅為愛酒人士提供存放美酒的空間，透過設計師精心打造，酒窖也成為豪宅中賞心悅目的風景，以彰顯豪宅屋主閒暇之餘的非凡品味。拜現代科技所賜，需要嚴格控制溫濕度的酒窖不再局限在地下室，設計師更可以將酒窖當成藝品空間般一展創意，但設計之前要對設備應具備的條件有一定程度的了解，將功能需求與空間風格併行思考，才不會在專業設備和風格美感之間失衡。

專業與美感的平衡／影音設備

視聽空間不只關係到美感、舒適，還需要專業知識和經驗。只專注於器材設備或者裝潢美感，卻沒有考慮到空間和音響器材之間的關係，就無法真正享受到視聽帶來的樂趣。這裡要強調的是，要規劃出優質的視聽空間將影音品質發揮到極致，在著手規劃之前務必與專業視聽規劃師進行溝通，並於完工後做音場測試和調整，才能擁有理想的視聽娛樂空間。

因應用途 調配設備

為追求視聽室影音效果及風格完美的一致性，事先規劃相當重要，像是傳輸連結的線材及器材，燈光光調的設計，布幕開關的位置等，設計師都必須事先與視聽規劃師充分協調這些細節，才能確保最後呈現的品質。豪宅大多設置獨立視聽室，規劃時要考量到空間條件以及個人嗜好需求，無論是以聆聽音樂或者電影為主，或者著重歌唱，依照不同用途所應用的空間建材、影音設備也會有所調整，這關係到聲音控制與影像呈現的變化，創造出因應各種活動性質的優質空間。

適當建材 締造音質

為了表現最佳影音效果，視聽室的裝修中最重要的是環境規劃，這包括隔音、吸音及擴散的設計，要有效阻絕內部聲音影響其他空間及外面噪音干擾視聽，並且要克服室內反射噪音，讓視聽室裡的音質更加純粹，這些都包括了材質的選用與傢具傢飾的配合，因為錯誤的建材會影響到吸音比率的控制。一般來說，地板以木質為佳，拋光石英磚、大理石都容易產生共振吸音效果較差，若在座位附近鋪地毯來輔助吸音，效果會更好，而座椅則推薦選擇皮革材質，這些都需仰賴專業的影音空間規劃。

細膩傳承典藏品味／酒窖設備

酒要透過適當的保存才能釋放它應有的風味，酒窖就是創造一個能調節控制的保存環境，因此恆溫恆濕、空氣流通、避光防震等，都是設計酒窖必須要遵循的基本條件。量身打造一個專業的私人酒窖，在室內設計的時候就要提前進行規劃，因為這涉及到設備定位、水電佈局、保溫處理、風格造型等要素，需要與專業的酒窖設備規劃人員共同協作，事先做好系統配置設計，讓豪宅藉由私人酒窖提升價值，不只彰顯個人品味，成為可典藏傳承的家族經典。

理想環境　保存佳釀

為豪宅屋主打造專業級的酒窖，首先要考慮的是維持適當保存條件，以及從藏酒的數量來決定酒窖的大小和位置，因為過高的溫度會影響酒的品質，溫度涼爽、低光照是設置酒窖的理想位置。雖然陽光容易直射的位置不適合配置酒窖，但隨著恆溫恆濕控制系統的發明和技術提升，現在酒窖設計能跟隨業主個人化的需求，位置已不再受到局限，可以配置在居家任何地方，不再是特定獨立空間，可以在牆面或者樓梯下方，但在溫濕度處理方面要更加強措施，確保酒窖發揮應有的效能。

專業設備　細膩恆溫

從功能層面來看，由於溫度是酒窖最要的控制因素，在著手內部規劃時要依照所在環境留意牆面隔熱保溫，以保持室內的冷度，同時搭配有調節濕度功能的獨立空調設備，並注意所安裝的風口位置，酒窖空調的給排水位置需求。內部燈光不宜過亮，一般情況需要保持柔弱的光線，儘量避免過強或者熱度過高的燈光，以免對酒造成傷害。專屬的酒窖空間中，要打造專業展示架，將酒分門別類放置，以維持酒類最佳香氣，這些也都需要與專業設備廠商共同評估規劃。

儀式彰顯滿足高規／車庫設備

近年來高端族群對於休閒生活越來越重視，對擁有蒐藏超跑、重機及名車嗜好的豪宅屋主來説，希望車庫能展現頂級規格，因此車庫規劃設計反而更能體現豪宅真正的品質內涵，現今大樓豪宅的停車場也大多有獨立車庫設計，以維護豪宅住戶注重隱私不讓愛車曝光的需求。對一些豪宅企業主而言，車庫不但是日常使用非常頻繁的公共區域，也是存放愛車的重要地點，空間的實用功能、風格及人性化的設計細節，都需要與身份地位相匹配，才能體現高端族群高規格的生活質感。

人車安全 方面考量

車庫首重門禁系統、監控設備，以維持住戶安全及隱私，捲門也是車輛進入車庫的重要設備，選配時要著重人車安全，需具備防範天然災害及突發狀況的功能，像是抵擋強風吹襲保護車輛，或者異物感知裝置避免不小心有貓狗闖入時能及時提醒。為了因應豪宅屋主各種形式的愛車，車道寬度及車庫尺度必須要能游刃有餘的對應各種底盤高度及車款尺寸的車輛進出；如果是位在地下室的車庫要特別留意空氣循環系統、換氣等設備，避免潮濕不通風的問題，這裡還要考慮到車庫天花板管線整體佈局，讓井然有序的管線展現豪宅不能妥協的細節堅持。

延展機能 便利貼心

從使用的便利性來看，豪宅車庫可以作為家庭部分儲藏空間的延伸，利用車庫畸零空間規劃儲藏櫃，屋主可以將平時戶外休閒所使用的高爾夫球包、釣魚竿及露營等裝備收納在車庫，出門馬上就可以整裝上車，不用背著器材上下樓。在車庫也可以設計簡單的接待空間、衛浴或者淋浴間等生活功能區，除了可以作為司機的等待空間，或者外來客戶臨時的休息室，不但能保有適當的禮儀同時維護隱私安全。另外，當完成停車動作後，在屋主或者賓客下車步入居家的過程中，創造儀式感的設計也是體現豪宅尊榮的重要環節。

◆ ◆ ◆ ◆ ◆

自然景觀
成就無價生活

近年來氣候及環境變異影響空氣品質和溫度變化，利用植物提升綠化已被視為減緩全球暖化的解方之一。現今豪宅最高規格不在於室內空間大小，而是每戶陽台尺度有多奢華，寬敞的陽台成為連結室內室外的中界空間，運用空間推廣綠化的觀念逐漸成熟，使得不少豪宅在景觀陽台結合休閒生活的概念，善用豪宅景觀優勢突破空間用途的想像，無論戶外用餐、瑜珈禪修甚至推桿運動也無不可。將室內外植入環境綠化設計，延伸百米以上棟距造就最佳景觀視野，甚至打造充滿意境的園林，不僅為身處在都市的豪宅增添自然植物帶來的視覺美景，同時提升物件價值甚至達到身心健康及環保訴求的功能。

奢華尺度　延攬景色

豪宅結合綠建築工法將空中庭院概念注入已非新聞，甚至將園林造景的概念植入陽台，從古至今園林造景向來是表徵豪宅的重要指標之一，其風格美學包涵了不同地區的人文風俗和思想脈絡，園林的存在就等於是家的一部分，透過專業的園藝造景工程規劃，在現今大樓豪宅也能實現園林入宅的理想。陽台造景需反應豪宅屋主對於美好生活與心靈層面上的追求與嚮往，實際層面更要留意給水排水的妥善規劃，希冀藉由景色如畫的造景讓豪宅屋主遠離煩擾超脫世外。

延攬景致　融入藝術

人類對於親近自然的渴求永無止盡，在擁有寬闊豪景之外更要邀景入室，將中國園林的佈景的概念與室內設計手法結合，以窗為框，以景為畫，擷取戶外自然美景，實現人與自然環境共處的生活場域。想要將自然氣息持續延續進入空間，植物是最好的造景素材，經過合理的設計及藝術佈局與空間相互借景，也可以用木、石等素材模擬山水的意境，或者擺放藝術作品增添質感，在布局的時候就要思考擺放位置要如何融入環境，像是動線轉折處，入口視線接觸點，而不是為了造景而造景，這個景致對空間來說才會加分，實現室內室外景觀相呼應的效果。

都會休閒親近自然／景觀陽台

休閒式居家生活的興起，反應出親近自然環境的生活風格趨勢，與家人好友的聚會不再局限於室內，可以從客廳連接至戶外的大陽台，在設計規劃時應考慮戶外環境氣候對空間及傢具帶來的影響，同時配合日照方位對應植物的特性，規劃植栽營造景觀，讓陽台延續遠方山林海景。

回歸自然　在家度假

豪宅擁有居高臨下俯瞰都市景觀的優勢，目前較常將陽台設計為休閒的空間，而想要打造舒適的私人度假天地，傢具是至關重要的角色。由於陽台屬於半戶外空間，需要配置能抵抗嚴寒日曬雨淋的戶外傢具，國際間頂級戶外傢具不斷創新研發材質，以求達到舒適度與耐用度的平衡，成熟的技術幾乎能擬真木材、藤麻等天然質感，仿造海島國家的藤編手法，並且採用低彩度的自然色系，打造回歸原始質樸的傢具造型，呈現極度簡約的現代奢華。同時，休閒式的戶外傢具設計上依據人體功學將重心降低，深度加深，讓乘坐時身體能有自然放鬆的姿態。

依光植栽　盎然綠意

運用植物盆栽景觀打造充滿綠意的休憩場域，拉近與自然環境的距離。在陽台栽種植物必須依照日照程度及風向等條件，安排適合的抗風耐陰植物。其中最重要的是，戶外空間和室內空間的銜接處要留意防水和排水問題，完整的陽台造景同時要搭配照明規劃，依據景觀設計營造情境式的燈光，讓夜晚也能藉由光影來豐富層次。

養身休憩感受自然／園林造景

造景綠化具有無可替代的意義，豪宅身價的保值程度不僅是建築本身的品質，居住空間的尺度以及所處的地段優越，更包括深具文化內涵的園林造景。園林景觀布局極其講究建築與植物、植物與人、人與建築之間的關係，連同植物四季色彩的視覺變化，甚至花朵香氣的嗅覺體驗都涵括其中。擁有絕美園林造景能賦予現代豪宅更高的藝術價值。

風格美感　共融環境

園林需要一定的地域範圍，運用造景手法透過重塑地形、栽種花草樹木、立石造湖，以景觀師的美學涵養打造具有靈動美感的自然環境，別墅型的豪宅較有環境條件來實現。不同文化背景形成多種門派風格，都各自有不同的美學意境，英式、法式等西方園林講究嚴謹對稱，主要是以平面幾何圖案式的園林為主，中式及日式園林著重精神意境，是模擬山水風情的自然式園林。風格美感沒有絕對，完全端看屋主的喜好搭配建築來選擇，唯有植物、建築與人三者之間能和諧融合，才能達到養身休憩的目的。

景觀專業　造就美景

園林造景包括藝術文學、植物生態、環境工程等諸多領域，結合美學藝術和工程技術來協調自然、建築和人之間關係的項目，如果豪宅屋主有園林造景需求，務必選擇經驗豐富的景觀師來設計規劃，設計師要協助留意的地方是，戶外基地與室內空間銜接處的排水狀況，給水電力等等可能會影響居住生活的項目，除此之外也要替屋主考慮庭園養護後續的養護照料，這些都是在與景觀師合作時設計師要留意的地方。

回歸自然內外呼應／引景入室

能從自家不受阻礙的眺望美景，對於都會中常被大廈高樓隔絕的現代人來說是極其奢華的事，因此光擁有豪景還不足夠，更要透過空間與環境關係的處理，將戶外景色引入室內，不僅藉此提升豪宅價值，也形成與自然共存的生活環境，只要回到家中，就能輕鬆感受到置身大自然帶來的舒心自在，這樣回歸自然的室內設計近年來備受關注，更是未來設計的一種趨勢。

園林手法 邀景入宅

「框景」古典園林構景的手法之一，利用有形的框架像是空窗、洞門等，選擇擷取另一空間的景色，形成有如嵌入畫框中的一幅風景。同樣的概念也能運用在室內設計中，落地窗就是這樣的道理，有如畫框般，把遠處的美景以最大範圍帶入室內，雖然現代豪宅大部分無法改變建商規劃的落地窗，但仍可以透過設計去改變，以穿透性的設計像是格柵或者植生牆等方法，採取明朝《園冶》一書所說「俗則屏之，嘉則收之」，有意識地設定景框位置，引導視覺欣賞為空間加分的景色，展現詩意般的如畫風景。

開放格局 與景共伴

運用開放格局的設計手法拓展空間深度和廣度，不做多餘的間隔，僅透過傢具定義空間區域，使窗外風景在室內發揮極致，每個角落都能欣賞外面的絕妙美景。植物是空間製造自然氣氛的重要角色，在陽台或者客廳窗邊培植一些對的植物，運用「借景」的手法，借助遠方景致作為陽台植物襯托的背景，景色因此能內外呼應，層次交疊，建立起人與場域自然的互動關係。

組景布局帶入自然／室內造景

室內造景是豪宅設計的重點，利用「造景」一種園林規劃設計的手法，將園林的景致縮影到室內空間，經過巧妙的設計及藝術性的布局，藉由室內造景與室外景色結合起來，使居住在裡面的人彷彿回歸大自然般，同時柔化了裝潢線條的生硬感。

斟酌位置 植入綠景

室內造景位置與動線格局息息相關，因此設計師要先和園藝師相互合作充分討論，確認想要的造景氛圍和空間關係，才能創造為空間加分的景致，比如布置在轉折處，讓人有柳暗花明的驚喜感，在入口玄關處，給人探索空間的想像，或者在樓層銜接處，讓人在遊走之間轉換心境。但運用自然植物考慮的層面要多一點，需要配合植物生態及特性，選擇適當的位置來搭配組景，才能展現植物的最佳姿態。

藝術生活 水乳交融

藝術也是為空間造景的最佳元素，如何在生活之中將藝術結合，同時產生趣味，可以用裝置藝術或者純藝術來為空間造景。將藝術賦予功能是裝置藝術；純藝術則純粹觀賞，可以是一幅畫，一個雕塑。藝術品擺放位置要融入空間環境才能創造層次，可以在廊道底端製造端景，掛一幅以自然為題的創作，給人有更深遠的空間情境，或者運用木、石等天然材質模擬山水意境，最重要的是，要思考藝術品和人、空間之間的關係，意思就是藝術也要用設計的方法去處理，而不是為了造景而造景，這個景才會有加分的效果。

CHAPTER

3

質感加分材質學

質感滿分的
關鍵材質

空間透過材質的處理表現質感，每個人對材質的喜好不同，有人喜歡木質，有人愛好金屬，有人則鍾情於石材，每種材質有它與眾不同的特質，像是硬木類的紫檀、花梨木，都是屬於上等木材，或者是花崗岩、大理石也相當受到豪宅屋主喜歡，但有時候不見得要用稀有材質才能表現質感。

所以在思考雕琢「慢、靜、雅、簡、善」的設計手法時，都會細細琢磨一般木材，使其有最溫潤的表現，讓豪宅屋主在觸摸到的時感覺安全舒適。打個比方，在製作餐桌時將邊緣處理成45度角，運用斜角弱化桌板的厚度，讓使用者手臂觸碰到桌子邊緣時感受更為細膩，不會有不舒服的銳利感覺。

雖說每個人對材質的感受不同，在打造豪宅時，仍要掌握每種材質的個性，善用手法突顯材質的特質並委以妥善的搭配及處理手法去呈現空間價值，才能真正擘畫出具有人性溫度，大器恢弘的心豪宅氣勢，而不是一味地執著在材質的價格或者稀有。

關鍵材質
選材必學

石材天然紋路展現經典

直覺感受天然特質：石材的紋理、色彩、美感給人的第一印象
也是挑選的關鍵，而天然石材一定有其風化或是自然痕跡，無
論是晶線或結晶都是一種美感，是量化的產品所無法比擬的。

根據需求挑選質地：石材硬度越高毛細孔越小，產生病變機會
越低，經過研磨後能產生更亮眼的光澤，軟質的石材質感較霧，
相對毛細孔大，將來病變的機率也會越高，因此要根據使用需
求來選擇。

金屬獨特個性突顯與眾不同

掌握金屬多元屬性：金屬材包含鐵材、鋁材、不銹鋼材⋯等。
經由不同的表面處理方式（噴漆、烤漆、氟碳烤漆、銹蝕處理、
氧化處理、陽極處理、電鍍、鍍鈦、鏡面拋光、毛絲面⋯等），
均可呈現完全不同的質感和色彩，設計師使用金屬材料前，必
需先對其屬性深入了解，才能準確的依照不同金屬材的色澤和
特性作選擇。

發揮延展獨特個性：金屬材有著其他材料所沒有的延伸性，使得金屬材在使用上有更大空間，可以很薄、很小卻仍然保有一定的強度，特別能在豪宅設計裡扮演處理細節的角色，設計師可以加入更多的想像力，使金屬材料的特性做最好的發揮。

塗料多元性滿足機能與健康

關鍵指標判斷優劣：現代人追求健康，大多選擇環保成分的塗料，但環保塗料也有優劣之分，優質環保塗料氣味應是溫和甚至無味；劣質的水溶性塗料通常含有刺鼻的甲醛味。要注意，氣味僅能提供一項判斷標準，建議從油漆的 3 個環保關鍵指標來判斷：

揮發性有機化合物（VOC）（g/L） ≤ 200

游離甲醛（g/kg） ≤ 0.1

重金屬（mg/kg） 可溶性鉛 ≤ 90

因應空間選擇功能：不同空間應選擇不同功能的塗料，公私領域牆面應選擇附著力強，質感細膩，透氣性佳的塗料；廚房、衛浴等較潮濕，容易有水氣的空間，建議選擇防水防霉塗料。

局部試刷精準選色：挑選塗料顏色不要只看色卡，因為顏色變化相當細膩，多半成品會和色卡有差距。大面積塗刷之前最好局部面積試刷，才能看出顏色實際呈現的效果。

磚材講求機能美感的日常性

著眼整體調性協調：挑選豪宅使用的磚材，應考慮磚材的造型、材質、紋理、質感等，是否適合整體風格的一致性及造型，而非單看材料本身美感。

發揮優勢替代石材：一般豪宅衛浴大部分選擇大理石，但部分石材怕水氣容易發生病變，選擇仿天然石材紋理之大片薄板磚，能呈現類似天然石材的紋理，防潮不易吸水的特性清潔保養也較容易。

混材客製化營造細節質感

搭配比例雕琢風格：同空間避免選用過多不同材質，應有比重及主副之分，使空間呈現主題感與層次感，例如：以木素材為主以磚材及塗料為輔，使空間呈現自然及現代感，又或以石材為主牆，皮革、金屬為輔，可呈現奢華時尚感。

運用手法表現細部：異材質廣泛運用在細部上，不管是牆面使用不同材質的鑲嵌，或是門片運用皮革加入金屬收邊，亦或地面以多種材質拼貼，都是在豪宅空間裡經常使用的手法，可以讓整體質感更加細膩，兩種以上材質拼接混用的拼貼技巧與工法，展現了另一種層次的工藝之美。

經典大器材
營造空間氣勢

擷取於大自然的石材種類繁多，歷經萬代百年演化沉積，渾然天成的色澤與質地，獨一無二的紋理是其它材質無法取代的特質，石材能帶給空間自然的美感與靈動氣息，展現空間大器恢宏的品味質感，因此在豪宅裡被廣泛運用。

變化手法 展現特質

天然石材除了色系上、紋路上的不同，也會因為表面處理的手法而展現不同的面貌，從拋磨的精緻亮面、質感霧面，到雕琢的粗獷鑿面，所能呈現出來的空間個性也截然不同。身為傳統的設計材料，要發揮石材優勢必定要掌握其特質，善用各種處理手法才能玩味出更豐富的空間表情。

材質進化表現豐富

為了在空間展現其天然的紋理，石材運用的範圍也相當廣泛，要跟隨所使用的位置來挑選合適的石材種類，才能在質感與風格上達到協調與統一。現在為了因應多變的空間風格，所研發出質地輕盈的超薄石材等，能讓石材的表現形式更天馬行空更能展現設計師創意，使用範圍更不受局限。

天然奢華傳承經典／義大利天使之星大理石

大理石本身為天然礦石，渾然天成的紋理展現出它奢華價值，與追求稀有度的豪宅更能匹配，加上無縫隙的晶化處理，更具有百年傳承的氣節。大理石硬度不及花崗石，但仍比其它地材堅硬，無論是底色、結晶體的色澤都為較柔和優雅。其中義大利天使之星大理石，色澤顯明，紋理變化極大，部分結晶可以透光，可展現極度奢華的獨特性。

堅硬經久 藝展奢華

天然大理石具有耐磨、防火、耐久等良好特性，而且加工製作容易，能體現石材的卓越品質和藝術氣息，細節收邊能完美處理，因此拼接效果好，經常作為牆面、檯面、地坪等表面鋪裝材，是展現高端空間設計的材質。

天然孔隙 強化防護

大理石紋路明顯，大面積使用需對花對紋，因此會有損耗率產生。由於是天然礦石存在的毛細孔會吸收空氣中的水份，需要針對不同種類石材進行防護處理，不然造成大理石變質。而義大利天使之星大理石價格高，透光與不透光區硬度不同施工難度較高。

簡約大器氣勢迎人／超薄天然石材

薄型天然石材是針對有限礦產資源製作出薄片，是一種裝飾環保材質，基礎上是採用岩石本身層狀節理製成，分為雲母與板岩兩大系列，雲母系列帶有如玻璃金屬般的光澤；而板岩系列則具有肌理手感，質地純樸能表現豪宅的簡約大器，滿足豪宅屋主對石材打造空間氣勢的渴望。

施作簡易 多元應用

超薄天然石材質量輕薄，解決傳統石材過重的狀況，不但可使主牆減輕負荷，又可呈現石材自然粗獷感，也可以作為櫃體、門板表材，與各項五金配件有極佳相容性；薄型石材因製程有獨特玻璃纖維，穩定性極佳，可依照尺寸現場所需裁切或鑽孔，比起傳統石材施作容易快速。

異材收邊 延展紋理

由於採用石材層狀節理製成，因此大面積使用在立面時，無法像天然大理般對花對紋，分割大板時銜接處要採用異材質收邊，用設計手法讓質感更上一層樓。

堅硬密度高現氣派／花崗石

花崗石主要由火山岩漿在地表下冷卻凝固形成，經過地殼隆起露出地面的天然岩石。從花崗石的名字就可以看出材質特性，白色、褐色及黑色結晶點狀構成花色，均勻分佈的紋理，質地堅硬，耐磨系數高，長久以來一直是展現豪宅豪華氣派的不可或缺石材。

色澤美觀　華貴氣派

花崗石的硬度與密度比大理石高，因此有耐刮傷、耐磨損的特質，保養上也較為容易。由於它的密度很高，污漬很難入侵，常使用在地面及檯面。花崗岩容易切割塑型，在研磨上具有很好延展性，拋光後的花崗岩大板呈現高光澤反光效果，是相當優質的材質。

重複紋理　價值略低

雖然花崗石是天然石材，但是紋理單一性，重複性很高，幾乎同種類的石材，都可以找到相近的紋理，相對的缺少豪宅追求的獨特性，藝術價值感不高，須謹慎使用。

復古奢華內蘊時尚／水磨石

嚴格來說水磨石並不是特殊高級建築材料，它是將碎石、玻璃、花崗或石英石等骨料拌入水泥，成形後再經表面打磨拋光，成為一種帶有鑲嵌石材紋理鋪地材質。水磨石早期被視為低成本的庶民材質，後來被經由國際建築師重新開發，並以現代手法搭配運用後，成為躍上國際舞台的熱門材質。

現代手法 盡展時尚

水磨石由多種天然碎石混合，可調和多種基底色，容易與空間主色調融合，能展現豐富的視覺層次，透過設計手法能使當代豪宅流露復古時尚的韻味。水磨石平整度、耐磨度與維護皆比一般石材佳，是很好的裝飾石材。

定期養護 常保光澤

屬於石材的一種，水泥和石材中間仍有空隙，因此仍需注意吸水率與滲透率問題，使用在地坪如果滴到紅酒或顏色較重的液體，會很快滲透下去較難清潔。另外，水磨石容易磨損，要定期打磨拋光養護，以維持光滑明亮的質感。

◆ ◆

個性特殊材
形塑獨特風格

室內設計材質隨著科技及技術的提升更加千變萬化，演變出突破傳統的特殊材質。建材大致歸納兩個演化方向；1. 新技術替代天然材質：原本取擷於自然環境的材質，由於開採過度以致於逐漸匱乏，因而研發出替代的特殊材質。2. 傳統材質特殊處理：既有的傳統材質，經由先進的處理技術，呈現不同表面肌理，實現了設計師對於材質在空間運用的想像力。

健康趨勢　環保建材

現代人對居家健康的意識抬頭，尤其對高端消費族群，天然礦物製成的塗料已經是不可逆的趨勢，加上創新技術塗料本身可以替代其他材質表現，施工處理方式也更為簡便。

天然皮革手感溫潤高雅，是展現內斂氛圍相當好的表材，但動物保育觀念興起，人造皮革更符合全球風向，現代技術已能擬真皮的質地手感，有多種的紋理可以選擇發揮。

特殊處理 嶄新肌理

不銹鋼、玻璃等都有其無法取代的特性。不銹鋼透過壓紋或者染色，呈現截然不同的表面質感，能因應豪宅追求多變空間風格的搭配；清透玻璃是延伸空間營造輕盈俐落質感的材質，經由表面處理就能展現不同效果。而鍍鈦不銹鋼其華麗的光澤，堅硬的質地，是處理豪宅細節收邊的完美材質。

奢華織品 藝術氣氛

以高級訂製女裝為內涵的 Christian Lacroix 傢飾品，即使要價不斐，其繁複華麗的圖紋配色，能表現蒙太奇手法的奢華氣勢及藝術感。

客製紋理個性獨特／Novacolor 特殊塗料

以天然石灰粉及天然礦物製成的水性塗料，能應用在室內及戶外，創造出許多特殊質感效果，像是仿清水模、仿多種石材，甚至是金屬或者壁紙的質感，因此能依照高端族群獨特的需求，客製出獨一無二的質感紋理，創造具有藝術價值的感質空間。由於不含甲醛等有毒成份，加上透氣性佳，除了保護牆體建材的功能外，也具有防黴、抗菌與平衡室內空氣濕度的功能，對於特別著重健康的高端頂層族群而言，是很不錯的選擇。

質地穩定 安全無虞

Novacolor 特殊塗料可以仿造多種材質表現，較一般塗料有更高的硬度與抗壓強度，可塑性與延展性高，配合不同工具使用，輔以刷、滾等不同技法，可以客製圖騰壓紋，設計師能不受空間限制發揮創意，創造超越豪宅屋主想像的空間。

手作質感 專人施作

由於特殊塗料強調漆面的手作感，無法複製，因此需由有專業技術施工人員施作，才能使空間設計呈現藝術感及獨特性。

極致奢華時尚入室／Christian Lacroix 壁紙

Christian Lacroix 原為高級訂製女裝品牌，2011 年與傢飾織品品牌 Designers Guild 合作推出傢飾布料系列，織品展現高級訂製女裝品牌的內涵－繽紛繁複的色彩，精緻豐富的觸感。常可見絲絨與金線交織，或者以高級綢布織成圖紋，讓人從織品中嗅出頂級服飾華麗的藝術氛圍，運用在空間中能表現豪宅時尚奢華的極致生活。

華麗圖騰 重點裝飾

Christian Lacroix 壁紙、織品強調古典藝術感，圖紋相當繁複華美，質感也非常細膩紮實，極具藝術性的表現，只要在空間重點式的點綴，就能為追求獨特及個性化的高端豪宅，提高尊榮感以及趣味性。

細膩調配 平衡比重

由於圖紋及色彩繁複華麗，搭配運用在空間時要特別掌握配比，若是搭配比例不適宜，容易使空間風格過於強烈，甚至給人俗氣的感覺。

拼接異材細部奢華／鍍鈦不銹鋼

鍍鈦是豪宅中常見的建材之一，透過 PVD 鍍膜技術，可以形成色澤光亮
的表面質感，是一種無污染的環保建材。極富科技華麗感的金屬建材，深
受豪宅設計師的喜愛，常見的鍍鈦板應用於壁燈、櫥櫃等細部傢具裝飾。
由於鍍鈦具有鋼鐵般的堅硬質地且裝飾性強，非常適合應用於拼接異面材
質的搭配組合使用。

精緻耐用　可塑性高

具有華麗質感的鍍鈦，不但外表美觀同時抗潮耐光照，不易褪色與剝落，
能常保豪宅精緻度，並能鍍上各式顏色、紋路，輕易搭配多種風格呈現，
而且具有良好的可塑性，能彎曲延展不易斷裂，保養維護上也相當容易。

適當配比　避免過奢

鍍鈦的高光澤的金屬質感搶眼，運用在空間比例設計上需妥善拿捏，否則
可能使空間感過於冰冷，或者過度華麗流於俗氣。

壓紋染色質地獨特／不銹鋼

在豪宅設計案中，不銹鋼的後加工處理方式多元，可以應用在設計中的可能性非常彈性，其中最常使用的是不銹鋼壓紋與染色。不銹鋼壓紋可以依據屋主要求來訂製多樣花紋。 不銹鋼電鍍染色也是一種常見的裝潢手法，透過電鍍時間、爐內溫度、藥水調配等影響，只要些許的差異，就會對不銹鋼顏色產生極大的影響，創造具有時間感的質感變化。

多種手法 變化觸感

不銹鋼壓紋可以訂作客製變化出上百種紋理，若是重點使用，能強調空間的時尚感與未來科技感。不銹鋼染色板同樣能依設計師喜好調整鏽蝕程度及色感，雖表面觸感粗獷但卻能保留其金屬感，獨特的質地施做在主牆能高度呈現空間主題性。

獨特質感 各有所好

表面未經處理的不銹鋼不耐刮且刮傷無法修補，但經過壓紋處理刮痕比較不明顯；而不銹鋼染色呈現略帶銹蝕的質感，並非所有人都能接受，設計之前必須要和屋主充分溝通。

環保無瑕多樣可塑／人造皮革

或許有人會對人造皮革提出質疑，但新一代的豪宅屋主，更懂得什麼是對地球環境更好的選擇。近年動物保護意識抬頭，人造皮革也開始受到矚目，現在技術進步，表面工藝與基料的纖維組織和真皮非常相似，使用率因此也越來越高。人造皮革沒有真皮會有的些微斑點，是優點亦是缺點，表面雖然完美無瑕，但缺少一些自然的質地紋理，穩定性高及可塑性高的特質，可以運用的範圍也更加廣泛。

質量輕盈　選擇多樣

人造皮運用範圍廣泛，常貼覆在床頭板、牆面或門板上，也可做為傢具、傢飾品的表材，質量較真皮輕，不容易損傷，不需特別刻意保養，用指甲抓也不會有明顯傷痕，顏色與動物花紋較多型式可選擇。可以配合使用目的生產特殊作用的素材，在使用方面非常彈性方便。

耐磨質感　時效有限

人造皮革和天然皮革一樣有等級之分，但即使等級再高，人造皮革的表皮仍會有劣化剝落的狀況，差別在於時間長短的問題，由於表面沒毛細孔，好清潔保養，但相對的透氣性較差，質地和觸感仍不如真皮自然舒適。

輕盈透視延伸空間／噴砂玻璃

玻璃其清透的特性是居家空間不可或缺的建材，雖然是常用材質，但只要表面經過特殊技術處理，就能呈現出多種不同的質感和面貌，其噴砂玻璃就是一種能保留玻璃透光特性，但卻不透視的作法，適合使用在衛浴或者需要適度界定隱私的空間，輕盈剔透視感的特性保留空間感，同時提升整體氛圍，搭配車溝設計，能客製雕琢多種圖案。

清透光線　朦朧美感

噴砂玻璃可以由設計師選定圖案施作，霧面質感因此具有較高的視覺隱蔽效果，透光不透明的特性，讓陽光直射到噴砂玻璃上後，會讓光線產生漫光作用，室內的光線因此看起來更加柔和。

清透材質　細膩處理

和其他材質比較起來，玻璃是典型的脆性材料，耐撞強度就沒那麼高。同時要留意施作環境的選擇，噴砂時避免有色污清附在砂面，以確保成品的最佳品質。

◆ ◆ ◆

自然手感材
引入自然氣息

木材一直以來是室內裝潢不可缺少的重要建材，木材自然溫潤的觸感能為空間帶來放鬆舒心的感覺，木材運用的範圍廣泛，使得木材的需求也大幅提升，加上環保意識抬頭，木材的價格也隨之攀升。雖然木材種類繁多，但未必要使用珍稀木材才能展現豪宅質感，一個好的設計師要懂得發掘木材本身的特質，細膩琢磨出更出色的樣貌，再發揮創意手法展現空間美感。

特殊手法　盡展創意

每一種木材的紋理、硬度都不一樣，連味道也不同，天然實木堅固耐用，手摸觸感溫暖，直接使用最能呈現木材自然紋路與質感，但空氣濕度和溫度落差太大時，實木容易變形、產生裂痕或者發霉，為了展現更豐富的空間風貌，同時保養上更符合現代人需求，進而衍伸出不同的木材加工處理手法，其中染色、鋼刷都是能突顯木材特質的手法，染色木用染色劑改變顏色但能保留天然木皮紋路，鋼刷木則能讓木材觸摸起來紋理更具手感，經過處理的木材經過適當的設計和配置，能為空間增添藝術工藝感，同時創造出獨特的空間個性。

豐富木皮 替代實木

隨著天然樹林保護政策及觀念的興
起，可利用的珍貴樹種越來越少，使
得實木皮成為珍貴樹種的天然替代
品。現今實木皮技術發展愈趨成熟，
不但品質優異而且種類樣式豐富，加
上能適應多種表面處理手法，玩味
出像是仿舊粗獷、精緻細膩等多種
質感，而且施工上比實木更為簡便，
能更靈活地運用在室內設計。

深淺色調保留質地／染色木

現代空間風格多元，為了使整體調性一致，將木材透過染劑改變原有深淺色調或者變換顏色。木材的染色效果通常受到染劑、染色手法及樹種等因素所影響，而木材本身的滲透性與染色所呈現的色感有密切關係，滲透性高的木材染色劑較能均勻滲透到木材，透過染色手法讓木紋更加清晰地表現出來。基本上偏淺色木材較適合做染色處理，而油脂量較高的木種，吃色不易，染色後會造成顏色不均，建議依原色處理。

疏密質地 決定色調

雖然木材種類繁多與色彩能變化出千變萬化的效果，但並非每一種木材都能表現出色的染色效果，像是梣木本身原色較淺、好上色；橡木吃色容易，可以雙色染色讓木材呈現填白染灰的不同質感；黃檜色淺、吸水率快、顏色均勻，上色表現相當優異；胡桃木通常不建議做特殊染色，原色使用較能表現漂亮木紋。設計師在選擇染色木時，除了考慮木材的紋理表現，也要留意木材的質地。

細緻表面 均勻染色

由於木材有毛細孔，染完後顏色可能會和染劑有色差，在染色前建議先打樣較能確保實際呈現顏色。須注意的是，木材在染色之前要確認表面平滑無刮痕，否則染色後痕跡容易變得明顯，上色後需定期使用護木油或護木漆來保護木頭，避免受到刮傷，而且在上保護之後不可再度染色。在選用染色時，要考量整體空間的色彩搭配包含軟裝色及塗料色等等。

風化質感個性分明／鋼刷木

紋理觸感明顯的鋼刷木能創造更豐富的空間質感，鋼刷木是利用滾輪狀鋼刷機，磨除木材紋理較軟的部位，強化天然肌理不規則的手感表現，呈現接近自然木頭風化般粗獷的質感。而木材種類決定紋理的深淺效果，並非磨刷的次數多寡紋理就愈明顯，氣候變化大的溫帶木種年輪最為明顯，鋼刷效果也最為鮮明。

粗獷質地　展現手感

基本上每一種木頭都可以做鋼刷處理，但仍然要依木材特質來選擇，梧桐木生長快速是較常見的鋼刷木材，另外，鐵刀木、橡木也能呈現不錯的鋼刷效果，而黃檜表面紋理細緻，使用鋼刷、噴砂等處理，較難產生紋理。由於原木切割方向不同，使木紋有直紋與山形兩種紋理呈現，山形紋木料經鋼刷處理，手感比直紋來得漂亮，較能達到裝飾性的空間效果。

結構鬆軟　留意環境

使用鋼刷木可上透明漆作為保護漆，使表面不會過於粗糙，而紋理顯明的鋼刷木質地相對鬆軟，毛細孔比較大，若是環境高溫潮濕或長期直射日照，容易產生變質的情形，選用時應要特別留意使用環境。另外，因鋼刷木的個性鮮明，在選擇時仍應考慮整體風格及氛圍，避免過於突兀反而破壞了空間的細緻感。

保留紋理究極質感／實木皮

直接擷取於天然原木的實木皮，保有實木獨特的表情與紋理，又可以減少木材的砍伐，對於講究空間質感展現的豪宅來說，是一種極佳的表面裝飾木材。樹木因生長在自然環境產生天然清新的木質香氣，也因為實木皮使用於空間中而增添自然清新的氣息。而且實木皮較薄，更容易作各種表面加工處理，像是常見的染色、鋼刷或噴砂，或者鋼烤、鋸痕都能創造多變的木質效果，並且使用彈性較大，運用在彎曲或不平整的表面，都能輕易表現設計師想要的創意。

混合紋理　拼貼自然

目前常用於裝飾空間的實木皮包括櫸木、柚木、橡木、榆木、栓木、鐵刀木、胡桃木、檀木、檜木及安麗格（山欖科）等，設計師要充分瞭解木材特性，運用處理技術來達到呈現豪宅質感的標準。除了鋼刷或噴砂處理，利用漆料可做出的鋼烤效果，可以讓木皮在不影響紋理的情況下增加表面的精緻度。拼貼木皮時全直紋拼會過於單調，而全山形拼又會過於誇張，可利用自然拼法，就是在工廠加工時將直紋與山形木皮混合後使用，木皮整體呈現會更為的自然。。

天然節點　適度展現

木皮與其他的木材相同，對於潮濕溫差大的環境會造成變形或翹曲，施工時要留意貼合密度，並且使用在較乾燥的環境。天然木皮的常常保留木頭的實木節點，有些人或許會介意，覺得木紋顏色容易顯雜，但其實這些都是樹木的天然痕跡，適度的展現更能真實的傳遞自然無拘的環境氣息。

◆ ◆ ◆ ◆

生活日常材
滿足機能需求

磁磚堅硬防潮的特質，運用於建築及室內設計的歷史悠久，現今磁磚已發展出相當多元的樣式，不僅在抗壓耐磨、吸水率的功能層面具有頂級水準，材質質感、紋路花色等更如精品一般細膩精緻，跳脫早期價廉的印象，完全能襯托高端住宅的氣勢。磁磚可以仿製不同材質，包括石材、金屬、清水模甚至木紋，能替代這些材質的弱點，發揮其優勢，突破原有材質在空間的使用限制，創造出更元的豪宅風格。

因時適地　選擇材質

製作磁磚材質大體上分為陶質、石質、瓷質三類，陶質、石質為施釉磚，而瓷質為硬度高的石英磚。吸水率是影響磁磚使用的關鍵，以吸水率高低來比較，陶質＞石質＞瓷質，吸水率最低的瓷質磁磚適應環境的範圍較廣，室內室外地壁鋪貼都適合，而陶質、石質較適合室內使用，磁磚的樣式種類繁多，因此應依照地點來選擇功能性。

擬真紋理　替代石材

比起磁磚，石材是呈現豪宅大器風範的首選，像是常見的大理石、花崗岩，或者較稀有的萊姆石等，但因為天然石材孔隙較大保養不易，現在坊間有非常多模仿大理石的磁磚，拋光石英磚結合最新噴墨印刷科技，加上精拋釉面處理，使磁磚表面呈現如石材般的光澤亮度，長期使用也不容易出現泛黃褪色情形，即使衛浴也能有石材質感的時尚豪奢。

替代石材大器滿分／全瓷化石英大板磚

瓷質磁磚為所謂的石英磚，瓷質磁磚品質要求相當嚴格，必須完全瓷化，因此採用較高級的黏土經高溫燒製，製成後無論抗吸水率，抗曲強度都相當優異。石英磚燒製成形後經拋光研磨後具有高度光澤，加上擬真的大理石紋理，而沒有石材易變質、吸水率高的缺陷，替代大理石大面積運用在空間中，同樣能呈現豪宅非凡品味。

特殊尺寸 展現氣勢

瓷質石英大板磚尺寸大，填縫越小，使豪宅整體看起來更為大器美觀；而質地堅硬，耐磨抗壓，耐酸鹼，幾乎沒有毛細孔的特性，能長保材質新穎美觀，使用的範圍也就更加廣泛，即使潮濕的衛浴也採用仿大理石紋磁磚來呈現華麗質感。

仿製紋理 缺乏獨特

瓷質石英大板磚尺寸大相對施作難度就增加，材料損耗也較高。雖然磁磚能仿天然大理石，但被複製的紋理仍不如天然石材自然，也缺少獨特性。磁磚有膨脹係數的問題，所以必須留縫隙，整體貼出來的效果並沒有像大理石那麼完整。

耐久不變實用抗壓／LAMINAM 石英薄板

LAMINAM 石英薄板是一種突破傳統磁磚製程的裝飾板材，低耗能的混合動力窯及乾式裁切的製造過程不會產生破壞環境的物質，創新科技表面處理技術，保有傳統磚材無毛細孔，高硬度的優點，表面能抵抗各種溶劑侵蝕及刮傷摩擦能力更優，時間久了也不會減弱耐磨抗刮特性，因此可突破氣候環境限制，廣泛地運用在許多地方。

防潮耐污 質量輕盈

LAMINAM 石英薄板經高溫燒制，表面堅硬，孔隙小吸水率極低，因此能防潮而且耐髒污，而且花色紋理自然豐富，使得陽台、衛浴及廚房等較潮濕的空間，也能有功能與質感兼備的建材選擇。這種獨特的薄板磚重量為一般磁磚的１／３，從整體來看能減輕建築物載重量，提高安全性。

質地堅硬 創意侷限

因為材質本身平整度與硬度極高，變化度較受限，大多只能在平整處施工，也較不易與其它材質接合。

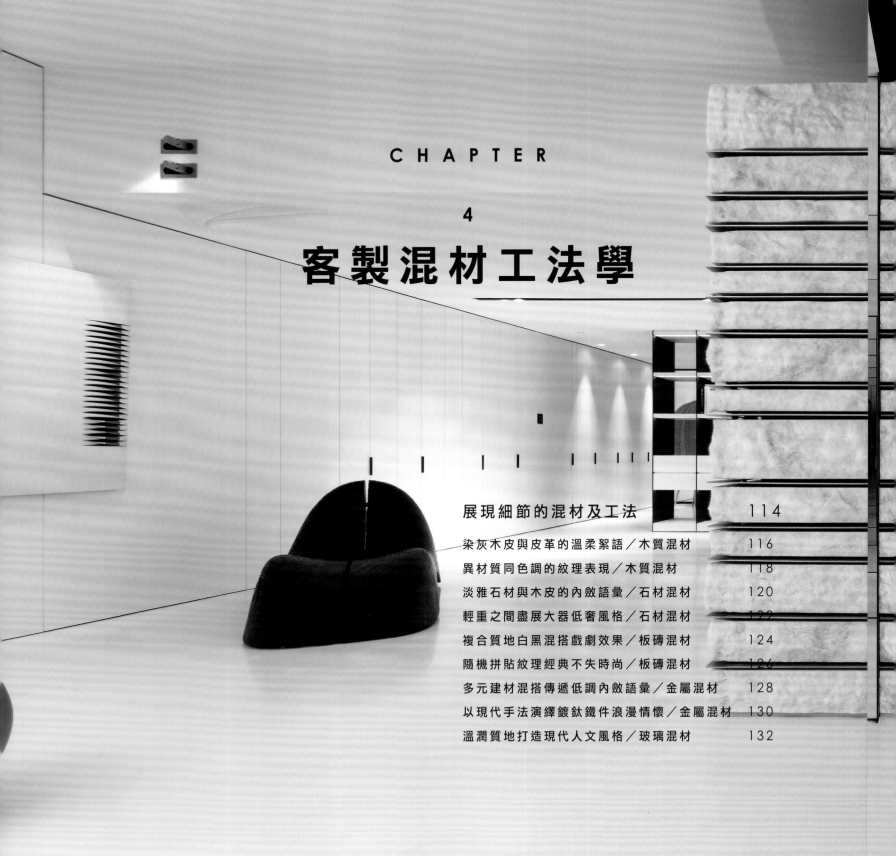

CHAPTER

4

客製混材工法學

展現細節的
混材及工法

異材質美學在室內設計領域已經行之有年，在講求個人化、差異化的時代，時尚、藝術及工業設計等領域也都可以見到相異材質搭配的手法，雖然發揮領域有所不同，但各異奇趣的材質在設計師創意巧思及創新手法之下，無論是融合協調還是對比衝突，都擦撞出令人耳目一新的嶄新風貌。

設計創意是沒有界限，豪宅設計好比一套為屋主量身打造的高級訂製服，材質是空間的布料，五金是細節配飾，然而，並不是隨意選擇材質任意搭配就能算是混搭，設計師務必要對各種材質的特性相當熟稔，才能行雲流水般的運用創意搭配，在配置妥當的空間輪廓中展現其特色，使整體視覺感受更富層次、超越想像，並賦予體驗空間的趣味性。

協調美感　層次意境

各種材質都有自己獨特的性格，石材大氣、木質沉穩、磚材多變、玻璃俐落、鐵件個性、水泥寧靜、皮革溫潤。要將兩種以

上的材質互相優雅轉換與拼接，首先要考慮的是彼此之間的協調性，這考驗設計師的美學涵養，配置的比例色調、位置形式都需要精準拿捏。搭配時應先掌握整體材質的主體性，再從中找出與其他材質彼此之間的協調感，像是木質與鐵件的搭配屬於調性互補，利用木質溫潤的特性平衡鐵件的冰冷個性，粗糙石材搭配鍍鈦則屬於質感對比，運用粗獷與精緻材質表現衝突美感。材質之間的搭配沒有既定公式，需要膽大心細的突破嘗試，汲取每次的經驗才能玩味出最佳的創意美學。

極致工藝　盡在咫尺

20 世紀現代主義建築大師密斯‧凡德羅（Ludwig Mies van der Rohe）曾說：「魔鬼藏在細節裡」，豪宅是否能展現整體的精緻度，取決於錙銖必較的尺寸，以及對細節收邊的重視。透過豐富多元的材質搭配能創造更多的空間可能性，並且呈現超越單一材質的效果，營造非凡的空間藝術價值。由於材質各自有不同施工方法，相異材質銜接時需與之對應，每一道施工程序要精準構思規劃，尺寸也要分毫不差，材質與材質之間才能彼此協調相融而不顯突兀，處理異材質的收邊也是需要經驗累積，同時必須仰賴專業的施工團隊共同協作才能成就完美。豪宅設計是不設限的，對設計師來說也有相當的發揮空間，但如何在創意之下將細節處理臻至完美，便是豪宅設計師的重要課題。

染灰木皮與皮革的溫柔絮語╱木質混材

木質混材 染灰木皮與皮革的溫柔絮語

想要突顯空間風格，只要簡單運用材質創造主題牆面，就能點亮居家特色。整體調性以現代紐約風格為主，空間運用無色彩黑、白、灰描繪都會時尚的簡約大器，在廊道底端以橡木皮染灰搭配皮革裱版作為端景主牆，天然實木皮扮演重要的平衡角色，保留的橡木顯明的山形紋理柔化現代風格的俐落線條，經過裱版處理的皮革呈現柔軟的立面觸感，木皮與皮革氣質相近，皆給人天然溫潤手感，兩者相互映襯為空間帶來內斂優雅的氛圍，而刻意染灰的顏色呼應整體色調，更凸顯當代畫作的前衛觀點。

進退層次 立面落差簡化處理收邊細節

為維持整體空間簡約俐落的一致調性同時又不過於單調，因此讓木皮與皮革牆面有一個進退的效果，刻意設計的立面落差不但賦予視覺層次變化，也使兩種相異材質銜接面較為單純，不需特殊手法就能各自處理收邊，同時也為畫作框出適當的擺放位置。若是改採用石材作為底牆搭配皮革裱板，利用石材氣勢提升空間質感，也是凸顯豪華尊貴的另一種選項。

異材質同色調的紋理表現／木質混材

木質混材 異材質同色調的紋理表現

由於空間設定為沉穩低調的現代風格，因此以不同材質表現深淺灰階，呈現理性簡約的現代都會風格。染色後的木皮可變多種色彩，能發揮理想的空間創意，而善用壁紙多變的特質更能變化出千變萬化的調性組合。這裡以染灰木皮為主，鋪陳出較為輕鬆溫暖的閱讀氛圍，搭配帶有灰泥質感的壁紙與木皮搭配，透過細膩的紋理調和各異其趣的灰階層次。在自然質感圍塑的空間中加入黑色鐵件與木作打造的書架，搭配木紋貼皮讓看似剛毅的空間多了溫暖的觸感，俐落的質感強化空間個性，大膽加入鮮明橘色傢具，賦予令人深刻的空間印象。

細節巧思 鐵件凸框處理邊緣質感

作為空間核心的書架以木作施作兩側並貼附染灰橡木木皮，再嵌入薄片鐵件作為整體架構，鐵件部分以凸框處理與木框交接，兩種材質以進退面的收法，使稍微凸出的鐵件邊框成為書架收邊，增加細緻度。在貼附壁紙時，除了要求牆壁漆面的平整度外還需再貼一層底紙，除了能使壁紙更為平整之外，同時減低漆面吐色問題。木皮是最廣泛使用也是最常搭配的材質，除了鐵件外也可搭配石材、皮革、鍍鈦、玻璃及木作烤漆，都能帶出溫潤自然的效果。

淡雅石材與木皮的內斂語彙／石材混材

石材混材 淡雅石材與木皮的內斂語彙

天然石材除了象徵豪宅的氣勢底蘊，更重要的是與其他材質搭配比例的演繹，此案以低彩度的白色和灰石材烘托出典雅大器的空間質感，在進入主空間處，藉由雕琢藝品的概念處理高至天花板的石材立柱，打造上虛下實的格柵意象，並在部分立面結合木作，讓石材紋理與木質肌理交相應用，在冷熱間取得完美平衡，交織出溫潤的現代人文況味，層層堆疊的石柱造型樹立出具有序列感的迎賓儀式。前景則採用肌理粗獷的石材作為壁爐，同時成為接待大廳的一隅框景，將精心雕琢有如藝術品般空間，透過不同視角呈現動人氣質。

穩定接合 石材格柵留意接合工序手法

每塊石材都有獨一無二的紋理，加上不同的加工方式，可賦予石材更多樣的表情。石材格柵為兩公分厚板材，需搭配後方木作壁板施作凹槽，使石材上膠面積加大強化穩定性，須注意材料高度及固定深度需要足夠，材料才不會在搬運或施作過程中損壞。石材內嵌水霧壁爐須注意下方暗處需保留透氣孔，以確保水霧壁爐在開啟時呈現裊裊水霧上升如火焰般的真實效果。石材為豪宅內經常選用的材質，也可搭配鍍鈦鐵件、木質或者皮革＋縫線、玻璃等材質增加溫潤精緻質感。

輕重之間盡展大器低奢風格／石材混材

石材混材 輕重之間盡展大器低奢風格

古典式的對稱設計最能展現豪宅氣勢，更要善用材質特色擘畫恢弘的豪宅氣勢，踏入玄關即可感受不同大理石材呈現的磅礴霸氣，牆面以亮面 光伯爵灰石材雕鑿立體面做出紋理變化，地坪則以黑白和古典米黃石拼接作空間界定。推開劃分空間木質防爆鋼門，迎面而來的是同樣講究對稱的傢具陳設，腳步延續大理石地坪的精緻質感，與貼附金銀箔的穹頂式天花板相互輝映，漸進式的格局規劃與極致質感的材質堆疊，在落地窗自然採光映照之下，成就豪宅設計無比奢華的感官體驗。

銳利切邊 異材拼接緊密無縫表面無瑕

不同的石材各自有獨特的紋理表現，再依照設計需求搭配不同的加工方式，無論是拋光處理的精緻亮面或鑿面處理的粗獷表面，都能呈現出石材豐富多變的表情。在將挑選好的石材交付處理時，要留意切割時所使用的鋼刀要經常更換保持鋒利，石材邊緣較不易崩角，在處理交接面收邊時能呈現完美平整。在豪宅裡石材是最廣泛使用也最能顯現貴氣的材質，最常搭配的材質除了不同色階的石材外，與木質、皮革、鍍鈦、玻璃及木作烤漆等材質拼接都能有很優秀的搭配效果。

複合質地白黑混搭戲劇效果／板磚混材

板磚混材 複合質地白黑混搭戲劇效果

想在簡約的衛浴空間裡提升奢華質感，只需要一點大理石點綴就足夠，但天然大理石有孔隙不適用於潮濕的衛浴，耐潮易清理的仿石材紋大板磁磚成為最佳的替代材。具有潔淨質感的現代風格衛浴，除了能從格局規劃本身提升空間質感，在不同立面搭配立體面與霧面兩種質感的白黑大理石紋板材，以對花不對紋的拼貼手法，增添衛浴空間的質感與律動感。背牆左右兩側搭配明鏡並嵌入 LED 燈條，照明設計突顯石材紋理質地與雍容美感，見光不見燈的效果給人最自然舒適的光感體驗。

毫米之間 微調銜接位置精密整合完成面

仿石材紋大板磁磚與單面見光的壓克力鋁框 LED 燈條之間可用平接方式整合，燈條如果有側面見光面，就需使用第三種材質來協助收邊，例如金屬、木材等等。與磁磚與燈條收邊時須注意切割面的整齊度及燈條的前後位置，燈條需比磁磚略微凸出 1~2mm，以免磁磚有破口的情況。另外，因為燈條的深度與磁磚厚度有所差距，必須注意底板厚度的精準拿捏及校對，才能有更平整的完成面。板磚材質的應用上可選擇馬賽克磁磚搭配曲面壓克力鋁框 LED 燈條，作出較為活潑的曲面線條空間。

隨機拼貼紋理經典不失時尚／板磚混材

板磚混材　隨機拼貼紋理經典不失時尚

業主受到傳統文化的浸潤，同時擁有國際化視野與多元的審美觀，因此空間以業主的氣質、品味與興趣作為底韻，運用減法設計整合結構與功能。視聽室是業主專屬的私密空間，主牆面以手感壁畫展現個人喜好，兩側牆面搭配較容易清理的仿舊磁磚，由於選擇寬幅較大的磁磚並且採用不規則拼貼，可以整面牆呈現更為自然的紋理，打造出隨興休閒感覺。空間隔屏採用黑色鐵件呼應整體美式粗獷風格，灰色玻璃引導視線穿透空間，讓業主能在此可以全然放鬆，享受視聽娛樂的美妙。

精細入微　窗緣收邊材質與顏色決定質感關鍵

紋理顯明的仿舊磁磚主導了整體空間調性，而在牆面拼貼磁磚時施作至窗戶要特別留意，窗戶邊緣四周以金屬或木作收邊條收邊，並凸出於磁磚完成面約 5mm，預防磁磚破口並增加精緻感。另外，填縫劑也是會左右磁磚細部視覺效果的重要因素之一，可以選用保守的相近色，或者可以大膽採用跳色的概念，來賦予磁磚極致前衛的視覺效果。仿舊磁磚可搭配相近質感的木質，或者俐落質地的鍍鈦鐵件、玻璃轉印或者鏡子，來變換截然不同的空間表情。

多元建材混搭傳遞低調內斂語彙／金屬混材

金屬混材 多元建材混搭傳遞低調內斂語彙

以高質感的休閒品味生活為概念，為業主規劃擁有藝術建築般氣派的視聽室及品酒區，由於是複合式的休憩空間，材質的運用上除了呈現風格之外要同時兼具功能。考量到視聽室聲音傳導效果，主牆以裱布為主，輔以鐵件烤漆勾勒線條作為端景。這裡可以看到利用穿透材質，將休閒與品味空間氛圍連成一氣，藉由清透玻璃使得大器規劃的私人酒窖成為一座令人驚嘆的精品藝術，而向來多應用在工業生產元件或者建築內部結構的不銹鋼絲網，被創意的運用在空間內，增加若隱若現空間層次，特殊造型的網目結構搭配燈光襯托，充分詮釋異材質混搭的多元樣貌。

精雕細琢 優化收邊處理精緻表現細節質感

由不銹鋼製成的創意金網四周需要細框夾住板材增加收邊強度，因此必須注意邊框寬度及安裝位置，為了達到更精緻細膩的收邊效果盡可能細化隱藏框線。如果為了搭配空間調性需要變換創意金網的顏色，建議採用鍍膜或鍍鈦來進行改色作業，若以發色作處理，網材內角細部容易出現沒有上到顏色的狀況需要特別注意。創意金網搭配鍍鈦鐵件、玻璃更為現代時尚，如此案與木材相搭則帶出人文調性，皆可展現不同的視覺感受。

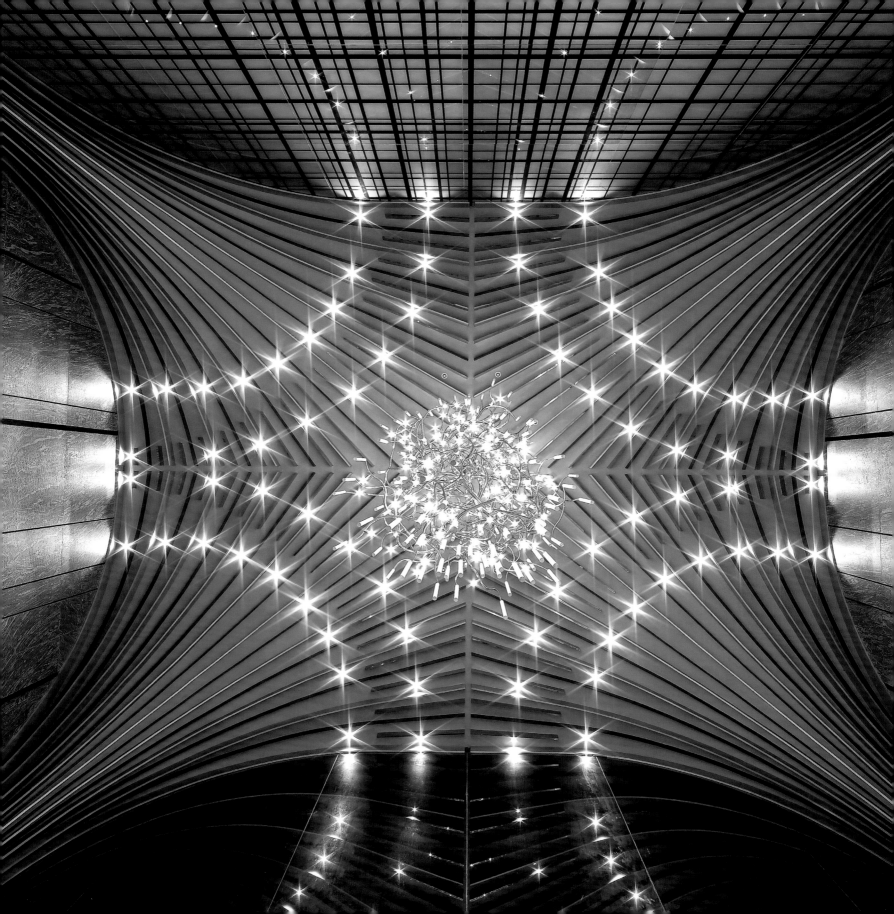

以現代手法演繹鍍鈦鐵件浪漫情懷／金屬混材

金屬混材 以現代手法演繹鍍鈦鐵件浪漫情懷

本案以鍍鈦鐵件為主，石材及玻璃為輔，創造空間序列的開放式設計，將光、空氣與水最美的瞬間形象凝聚在空間之中，展開大自然中的動態美學。造型的設計不像任何已被識別的形狀，連綿、圓潤，高傲、性感大膽的曲線造型，不斷喚起自然動態的美。由下往上俯仰水晶燈飾，星光從天傾瀉而下，循著光線的蹤跡穿越結構，最終豁然開朗就像戲劇表演，充滿了張力，帶有很強生命力與靈性，構成完好的氣場。不但處處引人入勝，更給予人們精神上豐富的滋養。

詩意工藝 藝術思維開展金屬材質無限可能

主要使用玫瑰金鍍鈦、黑鐵、木作烤漆、仿古石材及鏡面來打造天花板結構，首先以彎曲板作為基底放樣，為每支鐵件位置做嵌槽之外，在天花板四邊收邊處預留平面位置，使其他面材有收邊空間。在豪宅裡，金屬是最能呈現細緻度的材質，尤其是鍍鈦板質地堅硬，具有金屬光澤的亮麗表面，能描繪清晰俐落的空間線條，廣泛運用在豪宅的公共空間，如門框、壁面飾條、櫃體等，最常搭配的材質除了石材外搭配木質、磚材、皮革呈現質感上的對比衝突，因此也能彼此調合對方的特質，搭配玻璃則能傳達出現代時尚風格。

溫潤質地打造現代人文風格／玻璃混材

玻璃混材　溫潤質地打造現代人文風格

經由設計師的創意思維，使空間與材質產生對話，連結與人之間的故事，讓居住者像是生活在經過雕琢的藝術品之中，實踐生活即藝術，藝術即生活的設計理念。貫連整體設計的精神與力量，銜接樓層的樓梯，以突破傳統的旋轉形式呈現通往頂樓的圖書典藏空間，為突顯樓梯的螺旋結構美感，運用灰色強化灰玻璃作為扶手呼應空間色調，也提升心理層面的安全感，玻璃嵌入實木踏板的作法，打造盤旋而上的大型雕塑藝品，俯拾而上腳步移轉之間，感受異材質銜接的設計巧思，優雅呈現空間雅緻風情。

輕盈虛實　嵌入手法維持空間流動感

樓梯除了應有的銜接樓層的功能外，經由設計往往會是室內空間中最醒目的結構，因此會對整體空間風格感受帶來相當大的影響。與其他型式的樓梯相比，旋轉樓梯鮮明的風格搭配金屬或者玻璃等俐落材質，能輕易創造華美精緻的空間特色。此案在處理實木踏板的扶手刻溝時，須注意嵌入玻璃的尺寸避免破口情況，與上層樓地板要留意每一階完成面高度關係。

豪宅學 -V.2 材質細節學 張清平著 . -- 初版 . --
臺北市：麥浩斯出版：家庭傳媒城邦分公司發行，
2020.06
　冊；　公分 . --
ISBN ISBN 978-986-408-580-4 （全套：精裝）

1. 房屋建築 2. 空間設計 3. 室內設計
441.5　　　　　　　　　　　　　109000726

Designer 39

豪宅學 / V.2 材質細節學

作者	張清平
監製	林曼玲
特助	李鼎慧
藝術顧問	王玉齡
協力製作	天坊室內計劃有限公司
協力編輯	胡明杰、潘瑞琦、唐至俐、廖賀嬪、杜素媚、葉俊二、謝佳妏、張家榆、唐嘉男
企劃編輯	張麗寶
文字編輯	陳佳歆
封面設計	白淑貞
美術設計	詹淑娟
	鄭若誼
版權專員	吳怡萱
行銷企劃	李翊綾
	張瑋秦
發行人	何飛鵬
總經理	李淑霞
社長	林孟葦
總編輯	張麗寶
副總編輯	楊宜倩
叢書主編	許嘉芬
出版	城邦文化事業股份有限公司麥浩斯出版
地址	104 台北市中山區民生東路二段 141 號 8 樓
電話	02-2500-7578
Email	cs@myhomelife.com.tw
發行	英屬蓋曼群島商家庭傳媒股份有限公司城邦分公司
地址	104 台北市中山區民生東路二段 141 號 2 樓
讀者服務專線	0800-020-2999（週一至週五上午 09:30 ～ 12:00；下午 13:30 ～ 17:00）
讀者服務傳真	02-2517-0999 讀者服務信箱 cs@cite.com.tw
劃撥帳號	1983-3516
劃撥戶名	英屬蓋曼群島商家庭傳媒股份有限公司城邦分公司
香港發行	城邦（香港）出版集團有限公司
地址	香港灣仔駱克道 193 號東超商業中心 1 樓
電話	852-2508-6231
傳真	852-2578-9337
新馬發行	城邦（新馬）出版集團 Cite（M）Sdn. Bhd.（458372 U）
地址	41, Jalan Radin Anum, Bandar Baru Sri Petaling, 57000 Kuala Lumpur, Malay-sia.
電話	603-9056-3833
傳真	603-9057-6622
總經銷	聯合發行股份有限公司
電話	02-2917-8022
傳真	02-2915-6275
製版印刷	凱林彩印事業股份有限公司
版次	2020 年 6 月初版一刷
定價	新台幣 2800 元